Stampa autoprodotta
dal comitato anti-evoluzionista
novembre 2012
www.antidarwin.wordpress.com

Copertina Liana Pavel

INDICE

INTRODUZIONE

La questione più sconcertante nel studiare l'ipotesi darwiniana nasce dal fatto che gli stessi evoluzionisti non sanno definirla e allo stesso tempo elaborano idee sulla sua attuazione completamente differenti escludendosi reciprocamente. Ancora più interessante è fare notare a loro che se sostengono la teoria di Darwin come dimostrata non è possibile poi non avere una teoria ben definita e verificata nella maggior parte delle tesi esposte. Alcuni scienziati sostengono che l'evoluzione umana non sia più di tipo progressivo (dal più semplice al più complesso) ma sia oramai in una fase di degenerazione; questa tesi si contraddice con coloro che al contrario credono si sia in una fase di accelerazione. Poi vi è chi dice che siamo in uno stato di rallentamento e per finire chi sostiene che la nostra "evoluzione" è ferma, in questo caso c'è anche da chiedersi se coloro che sostengono che sia ferma credono anche che sia conclusa.

Spiegare come tutto ciò sia possibile e dimostrarlo non è solo arduo ma sostanzialmente impossibile, ma la sicurezza con cui le diverse scuole portano avanti la tesi da loro proposta è di persone piene di certezze.

Ma prima di giungere a dover dimostrare se la nostra evoluzione sia in fase accelerata, ferma, rallentata o in fase degenerativa gli studiosi evoluzionisti dovrebbero provare la veridicità del neodarwinismo; la tesi è che la teoria sia stata dimostrata, che è stata provata ma la realtà è ben diversa e al contrario, oggi, sempre maggiori studiosi sono dubbiosi della sua validità per poi iniziare a sostenere l'inconsistenza dell'ipotesi.

In questo breve scritto di presentazione di due saggi del mio caro amico Mihael Georigiev proverò a presentare qualche elemento che dimostra la non dimostrata tesi evoluzionista e cioè che noi siamo nati dalla materia inanimata e poi progressivamente ci siamo sviluppati dai batteri sino ad ogni specie esistente sulla terra.

Il primo punto è stabilire da dove provenga la vita, non è compito facile e da oltre 2500 anni se ne discute senza avere una risposta completa e dimostrabile. Le tesi che si contrappongono sono sempre le stesse, vi è chi sostiene la teoria creazionista, Dio o dei hanno dato origine alla vita così come oggi la vediamo o con piccoli cambiamenti che poi si è sviluppata e vi è chi sostiene che la vita si sia auto-generata da materia inanimata per poi auto-organizzarsi sviluppandosi in diverse forme.

Oggi, dopo ricerche specifiche nel campo dell'auto-generazione della vita la scienza ha dimostrato che la vita nasce solo da altra vita, che non vi sono possibili condizioni per cui in un tempo lontano in condizioni straordinariamente inverificabili per noi la vita si possa essere sviluppata da materia inorganica. Questo assunto è talmente certo che gli scienziati atei hanno proposto una ipotesi alquanto bizzarra, noi veniamo dallo spazio. Anche in questo caso, oltre a non avere risposto al quesito di come sia nata la vita ma avendolo solo spostato in altro luogo, dalla terra allo spazio, coloro che sostengono tale ipotesi non hanno prove. La sostanza è che i materialisti sostenitori della tesi darwinista non seguono le prove scientifiche cercando di comprendere cosa sia realmente avvenuto in passato ma adattano i risultati o le loro ipotesi alle prove oggettive. La ricerca ha stabilito che le cellule sopravvivono grazie alla combinazione congiunta di almeno tre tipi di molecole complesse: DNA (acido desossiribonucleico), RNA (acido ribonucleico) e proteine. Oggi sarà ben difficile trovare uno scienziato che da un miscuglio di sostanze chimiche si sia potuta generare dal caso la prima cellula vivente.

Se poi si considera che le sostanze si sarebbero dovute formare nello stesso posto, allo stesso momento per interagire e sviluppare la vita è alquanto stupido solo ipotizzarlo.

Compreso che la vita non si auto-generata da materia inorganica cerchiamo di comprendere se esistono forme di vita semplici. Le cellule umane si dividono in due categorie: cellule con il nucleo e cellule che ne sono sprovviste. Gli esseri viventi come uomini, animali e pianti sono provvisti di cellule con il nucleo mentre le cellule batteriche ne sono sprovviste. Le prima si chiamano cellule ecauriotiche e le seconde sono cellule procariotiche.

La tesi sostenuta dagli evoluzionisti è che constatato la minore complessità delle cellule procariotiche si possa stabilire l'assunto per cui le cellule con il nucleo siano una evoluzione delle cellule senza nucleo. Come abbiamo spiegato precedentemente la tesi evoluzionista è che da organismi semplici si siano sviluppati organismi più complessi.

Ma le cellule senza nucleo sono realmente semplici?

No, al contrario le cellule procariotiche sono anch'esse complesse. La teoria è che alcune cellule procariotiche abbiano inglobato altre cellule senza digerirle, secondo questa bizzarra ipotesi dopo essere state ingerite e non digerite le cellule sarebbero state trattenute all'interno cambiandone le funzioni originarie. Ovviamente non vi è nessuna prova sperimentale che dimostri la possibilità di tale evento.

Inoltre non è ancora stato stabilito come la prima cellula semplice si sia formata tramite il caso. In realtà la cellula semplice non lo è affatto ed è composta da una membrana protettiva esterna che protegge l'interno consentendo comunque alla stessa di respirare dando il permesso ad alcune molecole di entrare ed uscire. La membrana riconosce, quindi, le sostanze che può fare entrare e non può fare uscire. Questo tipo di attività e possibile in quanto nella stessa membrana vi sono dei "guardiani" che hanno il compito di controllare cosa esce e cosa entra, sono particolari molecole proteiche che fungono da porte. Guardando al microscopio la membrana cellulare si potrà constatare da subito la complessità dell'organizzazione interna alla stessa membrana. All'interno della membrana, il resto della cellula, è composta da una soluzione acquosa con diverse sostanze, queste sostanze servono alla cellula procariotica per sintetizzare gli elementi che le necessitano per vivere. Tutta la sinterizzazione non avviene per caso ma al contrario è straordinariamente organizzata in reazioni chimiche con precisa sequenza. Da questa operazione la cellula sviluppa gli amminoacidi che vengono inviati ai ribosomi. I ribosomi assemblano i gli amminoacidi in ordine specifico per generare le proteine. Il codice per sviluppare questo complesso lavoro è il DNA che fornisce al ribosoma una copia delle istruzioni dettagliate che indicano come e quale proteina sintetizzare.

La semplicità che viene presentata dagli evoluzionisti non solo non la troviamo ma al contrario riveniamo una estrema complessità e inoltre abbiamo dato solo un assaggio dell'organizzazione e dell'attività della cellula procariotica.

Proviamo a pensare come sia molto più complesso tutto il sistema "vita", come abbiamo visto la cellula definita semplice, in realtà, non lo è per nulla. Ma gli evoluzionisti hanno sviluppato un'ipotesi molto suggestiva che si sviluppa nella tesi, come già visto, per cui le forme della vita discendono da un antenato comune, la tesi è semplice: tutti gli esseri viventi hanno un linguaggio comune, il DNA. Quindi si devono necessariamente essere sviluppati da uno stesso antenato e questa trasformazione va ricercata nei fossili. In relazione a questa ipotesi gli scienziati evoluzionisti presentato l'albero della vita, una ricostruzione in cui si sono presentati fossili più antichi come antenati delle specie viventi.

In realtà si è scoperto che l'albero della vita non ha, nel caso, un unico ceppo da cui le forme esistenti discenderebbero. Non vi sono prove per cui si possa ritenere che le forme della vita discendano da un unico tronco originario come aveva ipotizzato Charles Darwin. Non esiste l'antenato comune. Malcolm Gordon, biologo, ha dichiarato: "la teoria dell'antenato comune non si applica come la conosciamo oggi. Probabilmente non si applica a molti phylum, se non a nessuno, forse nemmeno a molte classi all'interno dei phylum". Lo stesso Michael Ruse ha recentemente dichiarato: " l'albero della vita sta per essere gentilmente seppellito, lo sappiamo tutti. Ciò che è più difficile ammettere è che la nostra stessa concezione della biologia deve cambiare".

La documentazione dei fossili non rivelano il passaggio che viene descritto in tutti i libri dalle scuola primaria sino a giungere all'università e cioè la tavoletta che vedrebbe il passaggio da pesci ad anfibi e da rettili a mammiferi. David Raup paleontologo evoluzionista, rivela senza problema alcuno che non si trova nessun tipo di gradualità nello sviluppo della vita e che quello che avevano detto i geologi dell'epoca di Darwin e quelli odierni hanno trovato e trovano una documentazione alquanto disomogenea e discontinua, cioè che nella sequenza le specie compaiono improvvisamente e inoltre fino a che sono presenti nella documentazione non hanno cambiamenti se non piccoli e poi la specie scompare improvvisamente. Quindi le prove empiriche non dimostrano affatto la trasformazioni delle specie da una ad un'altra ma tutto il contrario e cioè che le specie sono pressoché limitate ai cambiamenti se non per poche variazioni che ne diminuiscono l'informazione nel patrimonio genetico. Nel 2008 il biologo evoluzionista Stuart Newman, riconoscendo che molte specie non avevano alcun apparentamento con le specie precedenti ha detto: "ritengo che il meccanismo darwiniano usato per spiegare tutti i cambiamenti evolutivi finirà per essere considerato solo uno dei ‹vari› meccanismi evolutivi, e forse nemmeno il più importante per comprendere la macroevoluzione, ovvero l'evoluzione che porta a cambiamenti significativi nelle caratteristiche analitiche". Nella sue dichiarazioni possiamo individuare tutta la fatica degli evoluzionisti per mantenere valido il neodarwinismo, si ammette che qualcosa non torna ma allo stesso tempo si specificano ‹vari› meccanismi di cui non si conosce nulla, si elaborano ipotesi fantasiose che non hanno riscontro in natura e il tutto per sostenere l'idea della macroevoluzione, meccanismo per cui le specie si evolverebbero ma ovviamente anche della macroevoluzione non si ha traccia empirica se non nella letteratura degli scienziati evoluzionisti.

In un articolo di National Geografic del 2004 la rivista apragonava i fossili ad "un film sull'evoluzione da cui siano stati tagliati 999 fotogrammi su 1000". Il fotogramma rimasto ovviamente è il fatto, cioè il fossile. Nella sostanza, la paleontologia ci dice che non esistono prove di trasformazioni tra le diverse specie e gli evoluzionisti, al contrario, continuano a sostenere e a presentare la trasformazione di un animale in un altro come fatto testimoniato dai fossili.

Più le prove confutano al teoria più la manipolazione delle informazioni raggiunge i canali mediatici di massa, infatti negli ultimi anni sono stati annunciati diversi ritrovamenti di fossili che rappresenterebbero i famosi anelli mancanti con pubblicazioni, articoli, video, dichiarazioni nei telegiornali, interviste etc. Ma poco o nulla si è saputo del fatto che questi anelli mancanti in realtà non lo erano, sono e restano animali formati in tutte le parti e, come spiegato precedentemente, come in tutti i ritrovamenti confermerebbero la stabilità delle specie; questi annunci in pompa magna contribuiscono a fare credere alle persone che la teoria dell'evoluzione sia stata dimostrata, che prove della nostra discendenza dagli animali sia un fatto accertato. Nulla di più falso, la teoria di Darwin non è solo una teoria errata che impavidi naturalisti vogliono mantenere in piedi a causa delle loro convinzioni basate sulla filosofia materialista ma è un vero e proprio sistema sociale su cui si basano diversi aspetti della vita di tutte le persone. La società occidentale è caratterizzata dal modello borghese, se noi consideriamo l'evoluzione della specie come sopravvivenza della specie attraverso la selezione naturale allora possiamo applicare la teoria di Darwin alla nostra società e cioè quel tipo di società distinta dal libero mercato dove sopravvive colui che si conforma di volta in volta alle oscillazioni della domanda e dell'offerta (più produci più guadagni). Il modello darwinista è stato utilizzato in passato per legittimare il sistema colonialista e oggi serve per legittimare il modello progressista basato sul capitalismo.

Ma quale può essere l'alternativa alla teoria di Darwin? In campo scientifico gli evoluzionisti sostengono che non vi siano alternative e che il creazionismo non è scienza, Mihael Georgiev, lo stimato medico che dal 2002 ha presentato insieme a Ronald Nalin e Fernando de Angelis il primo incontro presso una liceo pubblico di Milano la posizione del creazionismo, ha sempre sostenuto che il creazionismo è un atto di fede come l'evoluzionismo e che a livello scientifico vi può essere un creazionismo sostenibile. L'ipotesi del creazionismo possibile è presentata nel suo ottimo libro dal titolo: **Charles Darwin Oltre le Colonne d'Ercole.** Protagonisti, fatti, idee e strategie del dibattito sulle origini e sull'evoluzione. Ma Mihael, per me, fu molto di più che uno studioso con cui confrontarmi e presentarmi ai convegni, fu un sincero amico che mi spiegò i limiti della speculazione evoluzionista e creazionista. Confrontarsi con lui era un piacere per diversi motivi tra cui la sua preparazione, la sua capacità di spiegare i fenomeni e soprattutto la sua sincerità nel valutari i dati scientifici. In contatto con diversi scienziati, sia italiani che esteri, Georgiev riusciva ad avere informazione che in Italia non venivano riportate da nessuno. In America, dove ha pubblicato 3 libri di biologia medica era amico del biologo J. Wells e in contatto con i centri di ricerca creazionista della California. Allo stesso modo era in contatto con diversi biologi delle università dell'est. Instancabile studioso è stato per tutti noi antievoluzionisti un punto di riferimento di notevole importanza.

In questo breve *pamphlet* Mihael Georgiev tratta due argomenti fondamentali: L'evoluzione biologica e la scienza e il conflitto tra scienza e dogmatismo nel novecento.

Saggi di interesse notevoli scritti da uno dei maggiori referenti in Italia dell'antievoluzionismo in generale e del crazionismo nello specifico. Un uomo concreto che ha saputo riconoscere i limiti che l'uomo non può superare. Il primo incontro pubblico di Mihael Georgiev sulla teoria di Darwin è avvenuto al liceo Vittorini di Milano dove Claudio Boccassini, giovane studente dell'istituto, convinto che l'evoluzione della specie fosse una teoria strana riuscì a raccogliere le firme e ad organizzare l'assemblea studentesca. Nel 2010, dopo una lunga malattia, Mihael Georgiev ci ha lasciato ma non si è dimenticato di concludere il suo fantastico libro in cui si ripercorrono le fondamentali tappe della storia e della scienza su una delle più importanti e controverse teorie; quella di Charles Darwin.

Grazie Mihael, il tuo contributo è stato importantissimo.

Fabrizio Fratus

L'EVOLUZIONE BIOLOGICA E LA SCIENZA

Fino alla metà del '800 il concetto di Dio Creatore era legittimo nella scienza. L'opera del Creatore e il Suo progetto intelligente, rivelati nelle Sacre Scritture ebraico-cristiane, erano considerate visibili nella natura e indispensabili per spiegarla, non solo dai teologi,[1] ma anche dagli scienziati,[2,3] mentre l'idea che la materia si sia organizzata da sé era semplicemente assurda.

È in questo clima che nacquero i due libri fondamentali dell'evoluzionismo moderno. Il primo, di Charles Lyell - *Principi di Geologia: Un tentativo di spiegare i cambiamenti passati della superficie terrestre con riferimento a cause attualmente all'opera* - pubblicato nel 1830, proponeva come modello della storia della terra l'uniformitarianismo (attualismo), secondo il quale la Terra è vecchia di miliardi di anni e la sua superficie

[1] W. Paley, *Natural Theology – or Evidences of the Existence and Attributes of the Deity Collected from the Appearances of Nature*, London, R. Faulder, 1803, p. 1-3, 19.

[2] C. Bell, *The Hand – its Mechanism and Vital Endowments as Evincing Design*, London, William Pickering, 1837.

[3] T. C. Roden, *The valvular structure of the veins, anatomically and physiologically considered, with a view to exemplify or set forth, by instance or example, the wisdom, power, and goodness of God, as revealed and declared in Holy Writ. The Warneford Prize Essay for the year 1838*, Oxford, W. Baxter, 1839.

attuale si è formata per opera degli stessi processi geologici che operano attualmente.[4]

Il secondo, di Charles Darwin - *Sull'Origine delle Specie per mezzo di selezione naturale, ovvero la conservazione delle razze favorite nella lotta per la vita* - pubblicato nel 1859, proponeva la teoria dell'origine di tutte le forme di vita da un semplice progenitore comune mediante un processo evolutivo durato milioni di anni.[5]

Sessantacinque anni più tardi (1924), il biochimico sovietico A. Oparin proponeva una teoria sull'origine della vita dalla materia inorganica, e nel 1948 G. Gamov proponeva quella del Big Bang sull'origine dell'universo, completando così il quadro della concezione evoluzionista. Nel presente elaboratum è presa in considerazione soltanto l'evoluzione biologica divulgata e insegnata attualmente a tutti i livelli scolastici. Il termine "evoluzione" è usato nel testo come sinonimo di "teoria dell'evoluzione", "evoluzionismo", "darwinismo" e "neodarwinismo", nel senso di teoria, concezione o dottrina secondo la quale le forme di vita

[4] C. Lyell, *Principles of Geology, being an attempt to explain the former changes of the earth surface, by reference to causes now in operation*, London, John Murray, 1830.

[5] C. Darwin, *On the origin of species by means of natural selection, or the preservation of favoured races in the struggle for life*, London, John Murray, 1859.

esistenti oggi si sono sviluppate a partire da una forma semplice vissuta nel lontano passato (un progenitore comune) mediante un processo di variazioni casuali nel materiale genetico (mutazioni) e selezione naturale.

Il significato e l'importanza della teoria dell'evoluzione sono spiegate da Francisco Ayala in questi termini:

> "[Darwin] ha introdotto una nuova era nella storia intellettuale dell'Occidente [...] radicalmente cambiato la nostra concezione dell'universo e del posto dell'uomo in esso. [...] Niente nel mondo della natura è fuori dal campo della scienza, e dobbiamo questa generalizzazione alla scoperta di Darwin. Nei secoli 16° e 17° Copernico, Keplero, Galileo e Newton hanno introdotto il concetto dell'universo come materia in movimento governato da leggi naturali. Le loro scoperte hanno allargato la conoscenza umana e determinato una rivoluzione, che consiste nell'impegno di postulare che l'universo obbedisce a leggi immanenti che possono spiegare i fenomeni naturali. Darwin ha completato la rivoluzione Copernicana estendendola al mondo vivente. [...] L'origine delle specie e le straordinarie

caratteristiche degli organismi prima erano considerate creazioni speciali di un Dio Onnisciente. Darwin le ha riportate nell'ambito della scienza."[6]

Questa solenne dichiarazione spiega bene *perché* la teoria darwiniana è così importante, ma non dice nulla della sua *validità scientifica.* Da notare che l'analogia che Ayala propone tra Darwin da una parte, e Copernico, Keplero, Galileo e Newton dall'altra, è errata e fuorviante. Mentre i quattro grandi scienziati citati da Ayala si sono occupati dello studio dei *fenomeni osservabili* e *sottoponibili a verifica*, Darwin si è invece occupato non del funzionamento, ma della *storia* della vita sulla Terra, campo dove la verifica sperimentale non è possibile: una differenza concettuale ben visibile nelle seguenti affermazioni di Newton (che con Darwin condivide solo il luogo di sepoltura e non certo la visione della natura):

"Questa ammirabile compagine del Sole [...] non avrebbe potuto essere senza il consiglio e

---

[6] F.J. Ayala, *Two revolutions: Copernicus and Darwin.* In Rafael Pascual ed., *L'evoluzione: Crocevia di scienza, filosofia e teologia,* Roma, Edisioni Studium, 2005, ISBN 88-382-3922-3, p. 54. (Francisco Ayala, ex prete cattolico, è poi diventato evoluzionista, docente di biologia nell'Università di California a Irvine e presidente del Consiglio direttivo di Scienza e Creazionismo dell'Accademia Nazionale delle Scienze degli USA).

volere di un Ente intelligente e potente. Tale Ente regge il tutto, non come Anima del mondo, ma come Signore di tutte le cose"[7]; "Il metodo migliore e più sicuro per studiare la natura è prima di tutto la scoperta e la determinazione con esperimenti delle caratteristiche dei fenomeni, mentre le ipotesi sulle loro origini possono essere rimandate in secondo piano. Queste ipotesi devono sottomettersi alla natura dei fenomeni, e non invece tentare di sottometterla ignorando le prove sperimentali. E se qualcuno formula una ipotesi solo perché essa è possibile, io non vedo come si potrà, in una qualsiasi scienza, accertare qualcosa con certezza: perché sarà possibile creare nuove e nuove ipotesi che creeranno nuove difficoltà."[8]

Comunque sia, sebbene il darwinismo risulti così importante dal punto di vista speculativo o filosofico – ed è forse questo che intende Ayala - esso è invece inconsistente sul piano scientifico. La teoria di Darwin è stata infatti contestata sin dall'inizio da alcuni tra i più grandi scienziati dell'epoca. A

---

[7] I. Newton, *Principi di Filosofia Naturale*, Milano, Zanichelli, 1990, p. 160.

[8] I. Newton, in: S.I. Vavilov, *Isaac Newton*. Torino, Giulio Einaudi editore, 1954, p. 115.

titolo di esempio citiamo due, entrambi riconosciuti come giganti della medicina e della biologia: in Germania, Rudolf Virchow (1821-1902) il quale, pure materialista e agnostico, considerava l'evoluzione puramente speculativa e avversava il suo insegnamento; in Francia, Luis Pasteur (1822-1895).

Il successivo sviluppo delle scienze biologiche ha piuttosto smentito che confermato l'idea di Darwin, e questo è ben evidenziato in numerosi saggi critici di scienziati di primo piano come Michael Denton[9], Mihael Behe[10], William Dembski[11], Lee Spetner[12], Werner Gitt[13], Walter Veith[14], e tra gli italiani Giuseppe Semonti e Roberto Fondi[15], per citare solo alcuni.

---

[9] M. Denton, *Evolution: A Theory in Crisis*, London, Burnett Books, 1985.

[10] M. Behe, *Darwin's Black Box*, New York, Simon & Shuster, 1996.

[11] W. A. Dembski, *The Design Inference. Eliminatine Chance Through Small Probabilities*, Cambridge, Cambridge University Press, 1998, e *Intelligent Design. The Bridge Between Science & Theology*, Downers Grove, Illinois, InterVarsity Press, 1999.

[12] L. Spetner, *Not by Chance! Shattering the Modern Theory of Evolution*, Brooklyn, New York, The Judaica Press, 1997.

[13] W. Gitt, *Am Anfang war die Information*, Neuhausen-Stuttgart, Hänssler, 1994..

[14] W.J. Veith, *The Genesis Conflict. Putting the Pieces Togethre.* Delta, Canada, Amazing Discoveries, 2002.

[15] G. Sermonti e R. Fondi, *Dopo Darwin*, Milano, Rusconi, 1980.

[16] J. Whitfield, Born in a watery comune, *Nature*, vol. 427, pp. 674-676, 19 February 2004.

A mettere in crisi il darwinismo sono stati, in modo particolare, i progressi della biologia molecolare negli ultimi decenni. In un numero recente della prestigiosa rivista *Nature*,[16] biologi molecolari di primo piano, pur essendo evoluzionisti, dichiarano candidamente:

- che "*lo scenario ingenuo, secondo il quale un gruppo di organismi hanno ricevuto i loro geni da un semplice antenato comune, sta cadendo a pezzi*";
- che il "*progenitore comune*" è risultato non solo "*indefinibile*", ma addirittura "*non conoscibile*";
- che "*gli sforzi per ricostruire i geni* [del progenitore] *in base agli alberi familiari delle sequenze dei genomi (DNA e RNA) sono finiti in frustrazione*";
- che gli alberi genealogici basati sul DNA e sull'RNA sono un "*numero astronomico*", "*diversi tra loro ed in discrepanza con gli alberi classici dell'evoluzione, costruiti in base alle conoscenze della paleontologia e dell'anatomia comparata.*";
- che, per concludere, alla domanda come la vita abbia avuto origine, i biologi molecolari neanche

tentano di rispondere, passandola "*ai biologi del futuro*".

A 150 anni dalla sua nascita, il darwinismo rimane una teoria puramente speculativa, una visione materialista del mondo, rispettabile quanto si vuole, ma di carattere più filosofico che scientifico, in disaccordo con i dati dell'osservazione e delle scienze naturali, sostenuto soltanto dal preconcetto naturalista: una preferenza filosofica più che un'inferenza scientifica, come ammesso in modo inequivocabile dagli stessi evoluzionisti:

> "Noi difendiamo la scienza nonostante l'evidente assurdità di alcune delle sue affermazioni e la tolleranza della comunità scientifica per delle favole immaginarie [...] perché abbiamo un impegno materialista aprioristico [...] Non è che i metodi e le istituzioni della scienza ci obbligano ad accettare una spiegazione materialistica dei fenomeni, ma al contrario, siamo costretti dalla nostra adesione aprioristica alle cause materiali [...] Questo materialismo è assoluto, perché non possiamo permettere l'accesso a Dio."[17]

---

[17] R. Lewontin, Billions and billions of demons. In: *The New York Review of Books*, 1997,

"Anche se tutti i dati indicano un progettista intelligente, una tale ipotesi è esclusa dalla scienza, perché non è naturalista."[18]

Per oltre un secolo gli oppositori del darwinismo erano soltanto dei singoli scienziati. Queste "voci fuori dal coro" non sono riusciti a contrastare sul piano politico l'espansione del darwinismo. Nell'ultimo decennio alcuni scienziati antievoluzionisti hanno dato vita al movimento *Intelligent Design*, il cui scopo è di raggiungere una forza in grado di scardinare il monopolio materialista nelle scienze e reintrodurre la legittimità dell'interpretazione teista nelle scienze naturali, in chiara contrapposizione al darwinismo.[19]

Il problema dell'origine delle forme di vita è quindi aperto e dibattuto nell'ambito della scienza, anche se la cultura dominante in Occidente continua ad insegnare e divulgare il darwinismo come l'unica spiegazione scientifica della storia della vita, sostenendo che a contestare l'evoluzione sono solamente alcuni "fondamentalisti" religiosi.

January 9, p. 31.

[18] S. Todd, A view from Kansas on that evolution debate, *Nature* 1999;401 (30 September):423.

[19] W. A. Dembski & J.M. Kushiner eds. *Signs of Intelligence. Understanding Intelligent Design*, Grand Rapids, Michigan, Brazor Press, 2001, ISBN 1-58743-004-5.

L'evoluzione biologica e la fede

La teoria dell'evoluzione ha evidenti implicazioni per la fede religiosa. La sua affermazione nel mondo scientifico e la sua divulgazione pubblica hanno eroso le fondamenta della fede nel Dio Creatore rivelato nelle Sacre Scritture. La Chiesa quindi non poteva non interrogarsi sulla validità della nuova conoscenza scientifica e il suo significato per la fede. Mentre una minoranza di credenti ha sempre difeso la validità del racconto biblico della Genesi, la maggior parte dei teologi (sia ebrei che cristiani) hanno cercato di conciliare la fede con il nuovo credo scientifico.

La Chiesa cattolica sostiene che "la scienza è sovrana nel suo campo"[20], e di conseguenza ha generalmente evitato di invadere il campo della scienza e prendere posizione chiara sulla *validità scientifica* della teoria dell'evoluzione, focalizzando invece la propria attenzione sulle implicazioni dell'evoluzionismo sulla fede in Dio in generale e la dottrina cattolica in particolare. Inoltre, il pensiero cattolico è apparso ~~da subito interessato non t~~anto all'evoluzione delle specie,

[20] Papa Paolo VI, *Discorso alla Pontificia Accademia delle Scienze* (23 aprile 1966) in DP, p. 117.

quanto a quella dell'uomo. Questo è, infatti, l'unico aspetto sul quale l'Alto Magistero ha indicato dei confini assolutamente invalicabili per la dottrina cattolica.

In diverse dichiarazioni, tra il 1941 e il 1953, Papa Pio XII riconosceva il diritto alle ricerche scientifiche nel campo dell'evoluzione biologica, ma specificava il carattere puramente speculativo della dottrina evoluzionista, indicando come limiti invalicabili dal punto di vista della fede cattolica soltanto il monogenismo dell'uomo e la creazione speciale della sua anima da parte di Dio:

> "Le molteplici ricerche sia della paleontologia che della biologia e della morfologia su altri problemi riguardanti le origini dell'uomo non hanno finora apportato nulla di positivamente chiaro e certo. Non rimane quindi che lasciare all'avvenire la risposta al quesito, se un giorno la scienza, illuminata e guidata dalla rivelazione, potrà dare sicuri e definitivi risultai sopra un argomento così importante. [...] Dall'uomo soltanto poteva venire un altro uomo che lo chiamasse padre e progenitore; e l'aiuto dato da Dio al primo uomo viene pure da lui ed è carne della sua carne, formata

in compagna, che ha nome dall'uomo, perché da lui è stata tratta."[21]

"Il Magistero della Chiesa non proibisce che, in conformità dell'attuale stato delle scienze e della teologia, sia oggetto di ricerche e di discussioni, da parte dei competenti in tutti e due campi, la dottrina dell'«evoluzionismo», in quanto cioè essa fa ricerche sull'origine del corpo umano, che proverrebbe da materia organica preesistente (la fede cattolica ci obbliga a ritenere che le anime sono state create immediatamente da Dio). Però questo deve essere fatto il tale modo che le ragioni delle due opinioni, cioè di quella favorevole e di quella contraria all'evoluzionismo, siano ponderate e giudicate con la necessaria serietà, moderazione e misura..."[22]

"I recenti trattati di genetica dicono che nulla spiega il legame di tutti i viventi, meglio dell'immagine di un comune albero genealogico; ma al tempo stesso fanno osservare che si tratta

---

[21] Papa Pio XII, *Discorso alla Pontificia Accademia delle Scienze*, 30 novembre 1941, in DP, p. 41.

[22] Papa Pio XII, lettera enciclica *Humani Generis*, 12 agosto 1950, 36 in DS 3896.

> semplicemente di una immagine, di una ipotesi, e non di un fatto dimostrato. Ed aggiungono anche che se la maggior parte degli studiosi presenta la dottrina della discendenza come un «fatto», questo è un giudizio affrettato."[23]

Nonostante gli avvertimenti di Papa Pio XII sul carattere speculativo della dottrina evoluzionista, l'espansione dell'evoluzionismo era inarrestabile. Di conseguenza molti teologi cattolici si rassegnarono al suo dominio, abbandonando la contestazione dell'evoluzione e concentrando gli sforzi nell'opera di conciliazione tra l'antica fede e la dottrina evoluzionista. Ecco le conclusioni che nel 1969 un giovane teologo cattolico traeva dal dominio incontrastato della concezione evoluzionista:

> "L'uomo appare come l'essere in perenne trasformazione, le grandi costanti dell'immagine biblica del mondo, principio e fine, scivolano nell'indeterminato. La comprensione di fondo del

---

[23] Papa Pio XII, discorso ai partecipanti al *Primum Symposium Inernationale Geneticae Micae*, 7 settembre 1953.

reale cambia: il divenire al posto dell'essere, lo sviluppo al posto della creazione, l'ascesa al posto del declino.

Nell'ambito di queste riflessioni non si può percorrere l'intero complesso di questioni che si è aperto con esse; vogliamo soltanto discutere il problema se le concezioni di fondo, creazione e sviluppo, contrariamente alla prima impressione, possano coesistere senza che per questo il teologo accetti un compromesso disonesto e per ragioni tattiche dichiari inutile il terreno divenuto indifendibile, dopo averlo presentato con convinzione fino a poco prima come parte indispensabile della fede."[24]

A rafforzare queste opinioni si è aggiunta la dichiarazione di Papa Giovanni Paolo II che le "nuove conoscenze conducono a non considerare più la teoria dell'evoluzione una mera ipotesi"[25]. Tale dichiarazione sembrerebbe una rettifica, dopo 50 anni, dell'opinione espressa da Pio XII nell'Enciclica

[24] J. Ratzinger, in: H.J. Schultz ed., *Wer ist das eigentlich – Gott?*, München, Kösel, 1969.

[25] Papa Giovanni Paolo II, *Messaggio alla Pontificia Accademia delle Scienze* del 22 ottobre 1996.

Humani Generis, sul carattere ipotetico e speculativo dell'evoluzionismo. Nonostante la pronta e importante precisazione epistemologica che "la teoria dimostra la sua validità nella misura in cui è suscettibile di verifica; è costantemente valutata a livello dei fatti; laddove non viene più dimostrata dai fatti, manifesta i suoi limiti e la sua inadeguatezza"[25], la dichiarazione di Giovanni Paolo II è stata da molti interpretata non come semplice conferma del ruolo importante assunto dal concetto evoluzionista in diversi campi delle scienze naturali (interpretazione che considero corretta), ma come *riconoscimento della validità scientifica* della teoria dell'evoluzione.

A questo punto la maggior parte dei teologi cattolici sembrava ormai rassegnata all'idea che il progresso scientifico ha reso il racconto biblico della creazione indifendibile, e di conseguenza non rimarrebbe altro che ritagliare uno spazio alla divina Provvidenza *all'interno* della concezione evoluzionista di Darwin. È vero che nell'ambito di una concezione astratta e non storica della fede, il neodarwinismo, basato su variazioni casuali e selezione naturale, è compatibile con la fede nella Provvidenza divina, poiché ciò che appare casuale potrebbe essere in realtà guidato da Dio. Nella Bibbia, infatti, vi sono non meno di venti episodi di scelte importanti fatte per sorteggio – l'ultima quella del dodicesimo apostolo da scegliere al posto di Giuda, riportata in Atti 1,26 – pur nella certezza, per fede, che il risultato sarebbe stato determinato non dal caso, ma da Dio. Tuttavia, questo modo di ragionare - condizionato forse anche dal timore di subire l'accusa di indebita ingerenza della Chiesa e della teologia nel campo sovrano della scienza – anche se soddisfacente per molti teologi, aggira la questione fondamentale della *validità* della teoria dell'evoluzione. Su questo punto si è però acceso, come riportato sopra, un dibattito all' interno alla scienza; tale dibattito ha coinvolto di recente anche il mondo cattolico.

Il primo segnale dell'interesse della Chiesa nel dibattito sull'evoluzionismo si trova nel recente documento della Pontificia Commissione Teologica Internazionale, elaborato sotto la presidenza dell'allora Cardinal Joseph Ratzinger. Il documento fa esplicito riferimento al dibattito scientifico sull'evoluzione e ad alcune delle tesi degli antievoluzionisti:

> "Una compagine sempre più ampia di scienziati critici del neodarwinismo segnala invece le evidenze di un disegno (ad esempio, nelle strutture biologiche che mostrano una complessità specifica) che secondo loro non può essere spiegato

in termini di un processo puramente contingente, e che è stato ignorato o mal interpretato dai neodarwinisti. [...] i neodarwinisti che si appellano alla variazione genetica casuale e alla selezione naturale per sostenere la tesi che l'evoluzione è un processo completamente privo di guida vanno al di là di quello che è dimostrabile dalla scienza."[26]

Il secondo segnale è stato l'articolo dell'arcivescovo di Vienna cardinal Christoph Schönborn sulla rivista *First Things*, scritto allo scopo di "svegliare i cattolici dal loro sonno dogmatico nei confronti del positivismo in generale e l'evoluzionismo in particolare". In quell'articolo il cardinale difende la Chiesa dall'accusa di ingerenza della teologia nella scienza, sostenendo che per rifiutare il neodarwinismo è sufficiente la *ragione*, cioè la *filosofia*.[27]

Il dibattito sulla validità scientifica del neodarwinismo, nato all'interno della comunità scientifica, sta coinvolgendo anche il mondo cattolico. Si tratta di un dibattito fondamentale. Dopo tutto, se – come molti scienziati

[26] Pontificia Commissione Teologica Internazionale, *Comunione e Servizio: La persona umana create a imagine di Dio*, Roma, 22 dicembre 2004.

[27] Christoph Cardinal Schönborn, The Designs of Science, *First Things* 159 (January 2006): 34-38.

sostengono – il concetto dell'evoluzione è privo di validità scientifica, contrario ai dati delle osservazioni e si regge solo sui preconcetti filosofici del naturalismo, allora la storia iniziale della vita sulla Terra, raccontata nel libro della Genesi, non sarebbe "indifendibile", ma potrebbe addirittura reggere meglio il confronto con i dati delle scienze naturali. Ma forse i tempi non sono ancora maturi per la discussione di una tale tesi, che, pur essendo sostenuta da molti scienziati[28] e creduta dalla metà della popolazione statunitense, è tuttavia considerata screditata, eretica – e quindi politicamente scorretta – dalla maggior parte degli scienziati e da molti teologi.

---

[28] A.A. Roth, *Origins. Linking Science and scripture*, Hagerstown, MD, USA, Review and Herald Publishing Association, 1998; J.F. Ashton, ed., *I sei giorni della creazione: cinquanta scienziati spiegano come sono giunti alla conclusione che l'universo è opera di Dio*, Milano, Gruppo Editoriale Armenia, 2001; vedi anche W. Veith, rif. N. 14.

IL CONFLITTO TRA SCIENZA E DOGMATISMO NEL NOVECENTO

Introduzione

L'inizio "ufficiale" del conflitto tra pensiero scientifico e pensiero dogmatico risale al Seicento. Nel 1616 il Santo Uffizio, dopo avere censurato le deduzioni scientifiche di Copernico, aveva intimato a Galileo Galilei di non sostenere, insegnare o difendere in alcun modo l'idea che la Terra si muove. Non avendo ubbidito a tale ordine, Galilei fu processato e condannato nel 1633, con la concessione di scontare la pena non in carcere, ma nello stato di dimora vigilata.

Nell'Ottocento la formulazione della teoria dell'evoluzione biologica da parte di Charles Darwin, nel 1859, fornì l'occasione per la ripresa delle ostilità. Nel 1896 Andrew Dickson White, primo presidente della prestigiosa Cornell University di Ithaca, New York, pubblicava la sua opera fondamentale *Storia del conflitto tra scienza e teologia nel Cristianesimo*. Come spiega sulla copertina l'editore della ristampa più recente (1993), le 889 pagine del libro:

> [...] documentano in modo esaustivo la battaglia tra scienza e religione sui temi della creazione verso l'evoluzione, l'universo geocentrico verso l'universo eliocentrico e la "caduta dell'uomo" verso l'antropologia. La lotta della scienza contro i concetti medioevali e obsoleti è ancora attuale. Persino un secolo dopo la pubblicazione, la grande opera di White ha molto da insegnare sugli effetti pericolosi delle dottrine religiose sull'educazione e sulla crescita morale.[1]

In epoca moderna l'esempio più citato della lotta tra scienza e religione è il cosiddetto "processo delle scimmie", svoltosi nel 1925 nello Stato di Tennessee. In quel processo il giovane insegnante di scienze Bert Cates era condannato per avere insegnato in classe l'origine dell'uomo dalla scimmia, cosa all'epoca proibita dalle leggi dello Stato. L'analogia tra il processo a Bert Cates e quello a Galilei è evidente, ed è utilizzata continuamente come esempio della continua interferenza censoria della teologia nel campo della scienza. Ecco la più recente citazione, fatta da Massimo Pigliucci, docente di Ecologia e Biologia evoluzionistica presso l'Università di Tennessee, relatore al Convegno organizzato l'11 febbraio 2004 a Milano in occasione delle celebrazioni del compleanno di Charles Darwin:

> Tutti gli anni porto i miei studenti nel luogo in cui si svolse il processo. E se è vero che quella del Tennessee è una delle migliori università per la ricerca, è vero purtroppo che lo Stato tentò nel 1996 di far passare una legge che introduceva le teorie creazioniste. Un po' lo stesso rifiuto che si ebbe con la rivoluzione copernicana: ma noi siamo

nel XXI secolo. (dal *Corriere della Sera* del 12 febbraio 2004).

Questa, per sommi capi, è la storia largamente conosciuta dei rapporti tra pensiero scientifico e pensiero dogmatico. Essendo scritta e divulgata dalla cultura materialista dominante, tale storia è parziale e faziosa. In essa sono messe in giusta evidenza solo i fatti che riguardano gli scontri del dogmatismo religioso con la scienza, mentre mancano quelli riguardanti i rapporti tra la scienza ed il dogmatismo materialista. Questo capitolo ha lo scopo di colmare la lacuna, presentando fatti poco conosciuti o taciuti, ma che consentono una visione più ampia e non settaria dei rapporti tra scienza e dogmatismo.

Nel Novecento la filosofia materialista ha guadagnato gradualmente una posizione dominante, diventando di fatto la religione laica dell'Occidente, in condizioni di dettare le regole del gioco, esattamente come la Chiesa ai tempi di Copernico e Galilei. Per capire i rapporti del dogmatismo materialista con la scienza è opportuno iniziare dal conflitto tra i due nell'Unione Sovietica, paese nel quale la filosofia materialista (materialismo scientifico o dialettico) ha avuto la sua massima espressione, diventando la religione ufficiale dello Stato. Gli eventi di cui parleremo sono documentati anche in un saggio tradotto in lingua italiana.[2]

- *Il conflitto nell'URSS e nei paesi del blocco sovietico*

Per oltre 30 anni, dal 1935 al 1965, nell'Unione Sovietica la scienza fu subordinata all'ideologia comunista, basata sulla filosofia materialista. Le osservazioni e le teorie che apparivano in disaccordo con tale filosofia, furono negate e bollate come "idealiste" e "reazionarie". Questa prassi portò alla soppressione d'intere discipline scientifiche, alla chiusura d'Istituti di ricerca, al controllo ideologico (filosofico) delle pubblicazioni scientifiche ed alla distruzione e sostituzione di molti libri di testo, separando così la scienza dei paesi del blocco sovietico dalla scienza del resto del mondo. Gli scienziati dissidenti furono perseguitati, licenziati, ed in alcuni casi fisicamente eliminati. Un breve elenco dei soli nomi più conosciuti, comprende Schmalhausen, Levit, Vavilov, Dubinin, Zebrak, Navasin, Ephroimson, Levitsky, Agol, Orbeli, Timofeev-Ressovsky. L'Accademia delle scienze non risparmiò nemmeno i maggiori scienziati occidentali - ad esempio Einstein, Bohr e Heisenberg - accusandoli di "oscurantismo" e "metafisica borghese".[3] Le misure censorie si estesero anche agli altri paesi del blocco sovietico, come la DDR, Checoslovacchia, Polonia, Bulgaria. L'elenco delle discipline scientifiche colpite è lungo e comprende, tra le scienze naturali, l'astronomia (dove l'analogia con il processo a Galilei è totale), la fisica (teoria della relatività, fisica quantistica, principio d'indeterminazione), la matematica (teoria delle probabilità e statistica), la fisiologia del lavoro, la genetica e molte altre. Ma è la storia della genetica quella che illustra meglio d'ogni altra disciplina gli aspetti ideologici e filosofici del conflitto. Lo scontro tra il materialismo scientifico e le scienze ebbe, nell'URSS, anche aspetti politici e sociali peculiari delle società totalitarie. Tali aspetti non saranno trattati nel presente capitolo, che si interessa solo degli aspetti scientifici, ideologici e filosofici della questione.

Per i biologi sovietici più ortodossi le teorie evoluzioniste di Lamarck e Darwin erano il cardine delle scienze biologiche. Nelle parole di Lysenko "la comparsa della dottrina di Darwin, esposta nel suo libro *L'Origine delle specie*, ha segnato l'inizio della biologia scientifica."[4] Secondo la dottrina di Darwin, le forme di vita oggi esistenti si sono sviluppate per lenta evoluzione, a partire da una forma di vita semplice, comparsa nel lontano passato. Come è successo questo? Nelle popolazioni si osservano piccole variazioni che possono essere ereditate. Queste variazioni tendono ad essere selezionate e conservate quando favorevoli, ma eliminate se sfavorevoli. Nel corso di milioni di anni l'accumulo di piccole variazioni ha portato alla comparsa di nuove specie fino alla diversificazione delle forme oggi esistenti.

Per Darwin – e per l'evoluzionismo in generale - la storia della vita è quella della discendenza con modifiche. All'epoca delle formulazioni delle teorie di Lamarck e Darwin, i meccanismi della discendenza (la trasmissione dei caratteri ereditari) erano sconosciuti, quelli delle modifiche ereditabili anche, e la genetica non esisteva come disciplina scientifica. La sua nascita è legata alle opere pionieristiche di August Weismann, Gregor Mendel e Thomas Morgan (quest'ultimo premio Nobel nel 1933), considerati i fondatori della genetica moderna. Il problema è che il quadro che le loro scoperte delinearono era in discordanza con i due punti cardinali della teoria dell'evoluzione. Le scoperte scientifiche indicavano infatti che:

1) Le uniche modifiche ereditabili erano le mutazioni casuali, che però non sembravano di entità e tipo tali da sostenere l'evoluzione delle specie;
2) I meccanismi di riproduzione risultavano piuttosto conservativi e tendevano ad eliminare anziché conservare le variazioni (mutazioni).

La genetica quindi metteva in crisi la teoria dell'evoluzione biologica, che era invece fondamentale per la filosofia materialista e per la visione materialista del mondo. I più dogmatici tra gli scienziati sovietici non furono in grado di conciliare le scoperte della genetica con l'evoluzionismo e con il materialismo, per cui rigettarono la genetica, accusandola di "idealismo". Avendo dalla loro parte non solamente il potere scientifico ma anche quello temporale, risolsero la questione nel seguente modo. Come prima cosa crearono una "loro" genetica, basata sulla "dottrina di Miciurin", secondo la quale non esistevano né cromosomi, né geni, né meccanismi di eredità, ma le caratteristiche degli organismi viventi si mescolavano liberamente durante la riproduzione, ed erano fortemente influenzate dai fattori ambientali. Come seconda cosa iniziarono ad attaccare in modo sistematico i biologi "non allineati". Le ostilità iniziarono nel 1935 e portarono ai seguenti risultati.

Nel 1936 l'Istituto Medicogenetico di Mosca, sotto la guida di Solomon Levit, allievo del Nobel statunitense H.J. Muller, era l'Istituto di Genetica medica meglio attrezzato del mondo. Nelle parole dello stesso Muller l'Istituto, «con i molti biologi, psicologi ed oltre 200 medici costituiva un'esempio luminoso, senza paragone nel mondo, delle possibilità di ricerca nel campo della genetica umana». In quel tempo Muller era dirigente genetista presso l'Istituto di Genetica dell'Academia delle Scienze dell'Unione Sovietica, e questo lo rendeva testimone oculare degli eventi. Lo stesso anno però la ricerca sui gemelli condotta dall'Istituto venne messa sotto l'accusa di esaltare i fattori ereditari anziché quelli ambientali. Solomon Levit fu costretto prima a "confessare" le sue "colpe scientifiche", poi a dimettersi. Di lui non si è saputo più niente, mentre l'Istituto è stato chiuso, e nella letteratura scientifica russa non è stato più pubblicato nulla nel campo della genetica umana.[5]

Sempre nel 1936 le autorità sovietiche annullarono il settimo congresso internazionale di genetica, che avrebbe dovuto tenersi a Mosca; quando nel 1939 il congresso, finalmente, si tenne ad Edinburgo, i sovietici non diedero il permesso di partecipare ai 40 genetisti russi iscritti, compreso Vavilov, presidente del congresso stesso. Nikolaj Ivanovic Vavilov è stato uno dei più importanti biologi russi, direttore dell'Istituto di Genetica dell'Accademia delle Scienze, dell'Accademia Lenin delle scienze agricole e dell'Istituto delle Industrie agricole. Non rendendosi conto del pericolo, egli aveva condannato l'attacco alla genetica come "una esplosione di oscurantismo medievale".[6] Nel 1938 Vavilov fu cacciato dalla presidenza dell'Accademia delle scienze agricole, e nel 1940 fu sollevato anche dagli altri due incarichi. Nel 1942 egli era fu insignito del prestigioso titolo di membro straniero della Royal Society, titolo concesso solo a 50 scienziati. Vavilov non ha probabilmente mai saputo del titolo. Al momento del conferimento egli era già arrestato e condannato a morte come spia britannica, poi, commutata la sentenza, fu rinchiuso in un campo di concentramento nella Siberia nord-orientale, dove morì di stenti nel 1943.

Il culmine della guerra alla genetica fu raggiunto il 26 agosto 1948, quando il Presidium dell'Accademia delle scienze emise una risoluzione contenente 12 punti, i più qualificanti dei quali furono i seguenti:[7]

1) L. A. Orbeli è sollevato dall'incarico di Segretario Accademico della Divisione di Scienze Biologiche.

2) Schmalhausen è sollevato dall'incarico di direttore dell'Istituto Severcov di Morfologia Evolutiva.
3) Il Laboratorio citogenetica di citologia, istologia ed embriologia diretto da N. P. Dubinin verrà abolito in quanto non scientifico ed inutile. Il Laboratorio di Citologia botanica dello stesso Istituto verrà pure chiuso, dato che ha seguito la stessa linea di ricerca errata e antiscientifica. Il Laboratorio fenogenetico presso l'Istituto Severcov di Morfologia evolutiva sarà abolito.
4) La composizione dei Consigli scientifici negli istituti biologici e dei Comitati redazionali delle riviste biologiche sarà esaminata allo scopo di allontanare i partigiani della genetica morgan-weismanniana e di sostituirli con sostenitori della biologia miciurinista progressista.
5) L'Ufficio della Divisione di Scienze Biologiche dovrà revisionare i programmi di lavoro e la composizione del personale scientifico degli Istituti biologici, e dovrà presentare entro un mese il progetto di riorganizzazione dell'Istituto Severcov di Morfologia evolutiva e dell'Istituto di Citologia, Istologia ed Embriologia.
6) Il Consiglio Editoriale dovrà revisionare entro un mese gli attuali piani di pubblicazione con lo scopo di assicurare la pubblicazione dei lavori della biologia miciuriniana.
7) L'Ufficio della Divisione di scienze biologiche revisionerà i testi degli Istituti biologici, tenendo conto degli interessi del miciurinismo.

Per oltre 30 anni nei paesi del blocco sovietico le teorie, i dati e le leggi scientifiche furono giudicati non sulla base del loro merito scientifico o sulla base della loro controllabile verità o falsità, ma in relazione all'aderenza o meno alla filosofia materialista. I danni alla scienza e all'economia sovietica furono incalcolabili. La genetica e le altre discipline scientifiche censurate furono riammesse soltanto nel 1965.

- *Il conflitto in Occidente*

Gli eventi riportati sopra non furono stigmatizzati in modo adeguato dalle istituzioni scientifiche occidentali. Le prese di posizione furono per lo più di singoli scienziati, come ad esempio il premio Nobel H. J. Muller ed il Segretario della Royal Society Sir Henry Dale, che si dimisero, in segno di protesta, da membri dell'Accademia delle Scienze dell'URSS. Non mancarono gli scienziati che, in nome della propria militanza comunista, giustificarono o addirittura approvarono gli attacchi alla scienza, come ad esempio John B. S. Haldane, biologo e genetista presso l'Università di Londra, al quale fu assegnato nel 1961, dall'Accademia dei Lincei, il premio Feltrinelli internazionale per le scienze biologiche.

Di particolare interesse l'analisi della base ideologica del conflitto fatta da Julian Huxley, biologo ed evoluzionista di fama internazionale, primo direttore generale dell'UNESCO (1947-48), uno degli intellettuali più in vista all'epoca. Nel suo saggio *La genetica sovietica e la scienza*, pubblicato nel 1949 e più volte citato, egli riassume e commenta le caratteristiche del dogmatismo materialista sovietico nel seguente modo:

Ogni dottrina filosofica o teoria scientifica deve poter essere giustificata come "materialistica" per essere accettabile. E viceversa, dal momento che il nemico ufficiale del materialismo è l'idealismo, ogni dottrina o teoria sulla quale vi sia un sospetto di "idealismo" si trova in posizione di forte svantaggio.

Il termine "materialismo" viene così ad assumere due diversi significati o dovrei forse dire due differenti funzioni semantiche. A volte viene usato nel significato di descrizione: cioè descrive il tentativo di interpretare la realtà soltanto in termini materialistici. A volte viene usato come certificato di valore: diviene un'etichetta che implica lode e condanna e sottolinea la conformità o meno col dogma ufficiale. [...]

Dal momento che viene accettato ufficialmente il concetto che il materialismo dialettico solo, tra le filosofie, è veramente scientifico, il termine "scientifico" viene ad assumere un significato di etichetta e di approvazione, senza preoccuparsi se l'attività così indicata si svolge in realtà in modo scientifico.[8]

Farò a questo punto una digressione per considerare la natura delle leggi scientifiche, dal momento che una augusta autorità, l'Accademia delle scienze dell'URSS stessa, si è servita di questo argomento come di un'arma contro i neomendeliani. Nel manifesto già da me citato (agosto 1948, ndr), si asserisce che: '*La dottrina idealista weismann-morganista è pseudoscientifica, perché è fondata sulla nozione della divina origine del mondo ed ammette leggi scientifiche eterne ed inalterabili'.*

Anzitutto, anche se ambedue le affermazioni fossero vere, il termine «pseudo-scientifico» sarebbe sempre ingiustificato. Molto buon lavoro scientifico è stato compiuto da credenti in una creazione divina e da individui che ritenevano che le leggi scientifiche, originate da un'autorità superiore, attendessero soltanto di essere scoperte.[9]

Julian Huxley era nipote di Thomas Huxley, zoologo, contemporaneo di Darwin, promotore, sostenitore e divulgatore dell'opera di quest'ultimo. Anche Julian Huxley era ateo, materialista ed evoluzionista come il nonno, e questo è evidenziato dal suo intervento durante le celebrazioni del centenario della prima edizione de *L'origine delle specie*, tenutesi nell'Università di Chicago nel 1959:

Nel 1959 Darwin ha aperto il passaggio verso un nuovo tipo di organizzazione ideologica del pensiero e della fede, organizzazione basata sull'evoluzione. [...] Nel modo di pensare evoluzionista non c'è né bisogno né spazio per il sovrannaturale. La terra non è stata creata, si è evoluta. Così gli animali, le piante, compresi noi uomini, la mente e l'anima, come il cervello ed il corpo. Così la religione.[10]

Nonostante il proprio credo materialista, Huxley non era dogmatico. Egli sapeva distinguere tra filosofia e scienza, e riconosceva la legittimità dell'interpretazione teista da parte di scienziati che hanno fatto "molto buon lavoro scientifico". Nella seconda metà del Novecento questa visione imparziale e tollerante è stata progressivamente sostituita con una visione materialista dogmatica, simile a quella dei materialisti scientifici sovietici.

Dal punto di vista speculativo, il materialismo scientifico occidentale è più sofisticato della versione rozza e fanatica dei sovietici. Ad esempio vengono negati non tanto i dati scientifici quanto le interpretazioni ed i modelli non materialisti. Il dogmatismo materialista è particolarmente evidente nelle aree cosiddette storiche delle scienze naturali, che riguardano le origini del cosmo, della vita e delle specie. In queste aree, che sono fuori dalla portata di una sperimentazione controllata, la comunità scientifica ufficiale accetta solo l'interpretazione evoluzionista e materialista (naturalista), definita l'unica "scientifica", anche se basata su ipotesi immaginarie e speculative. Tali ipotesi descrivono passaggi e processi non solo non riscontrabili nella natura, ma anche talmente improbabili da configurarsi come praticamente impossibili. Per contro respinge l'interpretazione teista (origine da causa intelligente), come "non scientifica" o "pseudo-scientifica", anche se i dati dell'osservazione e la deduzione logica indicano come molto più probabile un'origine da causa intelligente. Le motivazioni con le quali l'ipotesi di una causa intelligente è rigettata come non-scientifica, mentre l'ipotesi dell'evoluzione ad opera delle forze cieche della natura è difesa come "scientifica", sono identiche a quelle dei materialisti scientifici sovietici e sono spiegate bene rispettivamente da Scott Todd, biologo dell'Università di Kansas, e Richard Lewontin, genetista dell'Università di Harvard:

> Anche se tutti i dati indicano un progettista intelligente, una tale ipotesi è esclusa dalla scienza perché non è naturalista.[11]
>
> Noi difendiamo la scienza nonostante l'evidente assurdità di alcune delle sue affermazioni e la tolleranza della comunità scientifica per delle favole immaginarie [...] perché abbiamo un'impegno materialista aprioristico [...] Non è che i metodi e le istituzioni della scienza ci obbligano ad accettare una spiegazione materialistica dei fenomeni, ma al contrario, siamo costretti dalla nostra adesione aprioristica alle cause materiali [...] Questo materialismo è assoluto, perché non possiamo permettere l'ingresso di Dio.[12]

Si potrebbe pensare che queste siano opinioni estreme ed isolate, ma non è così. Il dogmatismo materialista è praticato sistematicamente dai vertici delle massime istituzioni scientifiche. Nel manuale *Scienza e Creazionismo* dell'Accademia Nazionale delle Scienze degli USA, pubblicato nel 2002, si dichiara:

> Per coloro che studiano l'origine della vita, il problema non è più se la vita sarebbe potuta originare attraverso un processo chimico che coinvolge componenti non-biologici.
>
> Gli scienziati usano la parola "fatto" soprattutto per descrivere un'osservazione. Ma gli scienziati possono usare la parola fatto anche per qualche cosa che è stata osservata e testata così tante volte, che non c'è più la

> necessità di continuare a testarla o cercare degli esempi. Che l'evoluzione sia accaduta è un fatto in questo senso."[13]

Queste affermazioni dell'Accademia contraddicono molti dei suoi stessi membri esperti. Ecco le conclusioni sull'origine della vita e delle singole proteine, rispettivamente di uno dei primi testi di biologia molecolare e di un più recente articolo:

> Come è venuta in esistenza la prima cellula? L'unica risposta inequivocabile a questa domanda è che non lo sappiamo. [...] Il passaggio dalle macromolecole alle cellule rappresenta un salto fantastico che è situato al di là delle ipotesi passibili di verifica. I fisici evitano di specificare quando è nata la materia o quando è iniziato il tempo, e se qualche volta lo fanno, è solo su un piano speculativo. L'origine della prima cellula evidentemente appartiene alla stessa categoria del non conoscibile. Il problema presenta sfide concettuali affascinanti, ma per ora, e forse per sempre, i relativi fatti non potranno essere conosciuti.[14]

> Poiché la scienza non ha la più pallida idea come le proteine sono venute in esistenza, sarebbe solo onestà ammettere questo davanti agli studenti, alle agenzie che finanziano la ricerca ed il pubblico.[15]

Il conflitto non si limita alle schermaglie verbali e speculative, ma include anche azioni di intolleranza che, tenuto conto delle differenti condizioni politiche, non sono molto diverse da quelle verificatesi nei paesi del blocco sovietico. Esse consistono nell'impedimento sistematico della critica alle teorie evoluzioniste (specie in biologia), nel rifiuto di pubblicazione di lavori o testi scientifici che mettono in dubbio la validità del modello evoluzionista[16] e nell'allontanamento dalle loro posizioni dei docenti che dissentono dall'interpretazione materialista dominante.

Un esempio è la storia di Dean Kenyon, professore di biologia all'Università statale di San Francisco (SFSU). Nel 1969 Kenyon (insieme a Gary Steinman) scrisse il testo fondamentale sull'origine spontanea della vita per "evoluzione chimica", intitolato *Predestinazione biochimica*.[17] Nel corso degli anni, esaminando criticamente la propria posizione, Kenyon arrivava alla conclusione che i dati delle scienze naturali non sostengono l'ipotesi dell'origine spontanea della vita. Di conseguenza, oltre ad insegnare agli studenti le teorie evoluzioniste, egli aveva iniziato ad evidenziare anche i loro punti deboli, suggerendo che gli esseri viventi potrebbero essere il prodotto di un "progetto intelligente". Alcuni studenti si sono lamentati e di conseguenza Kenyon è stato sollevato dall'incarico di docente e messo a dirigere un laboratorio. Kenyon ha fatto ricorso contro questo provvedimento presso la Commissione per la libertà accademica della SFSU. Dopo tre riunioni, la Commissione ha raccomandato il suo reinserimento come docente, deliberando che i professori di biologia hanno il diritto, come qualsiasi altro scienziato, di dissentire e criticare il modello scientifico prevalente nel loro campo. Tuttavia, Kenyon è stato reinserito solo dopo il voto favorevole de Senato accademico, e dopo la denuncia su *Wall Street Journal*, fatta da Stephen Meyer, anch'egli sostenitore del progetto intelligente. Ma la questione non si è chiusa così. Nel mese di febbraio 1997 il Consiglio della Facoltà di Biologia, con 27 voti favorevoli e 5 contrari, ha votato una risoluzione nella quale si dichiara che "Non vi sono prove scientifiche a sostegno del progetto intelligente (intelligent design), per cui tale concetto non è scientifico".[18]

L'ostilità nei confronti dei docenti "non allineati" è indicativa della particolare attenzione dei materialisti scientifici nei confronti dell'educazione e della divulgazione scientifica. A questi livelli l'evoluzionismo è insegnato come una teoria scientifica ben verificata, anzi, un "fatto". Ecco due esempi, il primo dalla prefazione del maggior libro divulgativo sull'evoluzione, di Richard Dawkins dell'Università di Oxford, il secondo da uno dei più diffusi testi di biologia per le scuole medie superiori, in uso su entrambe le sponde dell'Atlantico:

> Questo libro è scritto con la convinzione che la nostra esistenza presentava una volta il più grande dei misteri, ma ora non è più un mistero perché è stato risolto. L'hanno risolto Darwin e Wallace, anche se continueremo per ancora un po' ad aggiungere note a piè di pagina alla loro soluzione.[19]

> Che l'evoluzione si sia verificata o meno, tuttavia, non è più tra i biologi argomento di discussione.[20]

- *La sfida al dogmatismo ed al monopolio materialista nella scienza*

L'evoluzionismo darwiniano è stato contestato sin dall'inizio da molti importanti scienziati, che hanno denunciato il suo carattere speculativo e non scientifico. Per quanto riguarda Italia, possiamo citare, tra i più rappresentativi, il genetista Giuseppe Sermonti, il paleontologo Roberto Fondi ed il fisico Antonino Zichichi. Per Sermonti "l'evoluzionismo darwiniano si è dimostrato scientificamente insostenibile"[21], per Fondi, si tratta di "un mito del mondo moderno"[22], per Zichichi, di teoria che non appartiene alla scienza galileiana:

> La cultura dominante ha fatto credere al grande pubblico che l'origine della vita e l'evoluzione biologica della specie umana siano verità scientifiche di stampo galileiano. Ricordiamo ancora una volta che [...] l'evoluzione biologica della specie umana fu all'inizio, è sempre stata, ed è ancora oggi sotto il livello minimo di credibilità scientifica.[23]

Fino a non molto tempo fa gli scienziati dissensienti erano, in Italia e all'estero, voci isolate e "fuori dal coro". Per scardinare il monopolio del dogmatismo materialista nella scienza non bastano le voci isolate, anche se qualificate, ma occorre anche una strategia politica. In seguito a queste considerazioni è nato negli USA il movimento "Intelligent design" (progetto intelligente). Il pubblico italiano è stato tenuto all'oscuro della nascita e dell'attività del movimento, con l'eccezione di un recente libro di Maurizio Blondet, che ne fa un eccellente resoconto.[24]

Il movimento "Intelligent design" è nato ufficialmente nel 1992, quando su inziativa di Phillip Johnson, professore di diritto penale, si è svolto presso la Southern Methodist University in Dallas (Texas) un simposio dal titolo: *Il darwinismo: inferenza scientifica o preferenza filosofica?*[25]

Successivamente diversi leader del movimento hanno pubblicato diversi libri, due dei quali, di Michael Behe, biochimico, e William Dembski, matematico, hanno avuto vasta risonanza nei circoli accademici e nei media.[26,27] Il movimento fa capo a due istituzioni scientifiche, il Centro di scienza e cultura (Center for Science and Culture) del Discovery Institute (www.discovery.org/csc/) e la Società internazionale per complessità, informazione e progetto (International Society for Complexity, Information, and Design, www.iscid.org). Il programma del Centro di scienza è cultura è disponibile sul http://www.antievolution.org/features/wedge.html. Vi si legge che:

> Il Centro di Scienza e Cultura del Discovery Institute ha lo scopo di rovesciare il materialismo e la sua eredità culturale. Riunendo scienziati leader delle scienze naturali, umanistiche e sociali, il Centro studia come i nuovi sviluppi nella biologia, fisica e le scienze cognitive sollevano seri dubbi sul materialismo scientifico, riaprendo la possibilità di una concezione teista della natura.

La lotta all'indottrinamento di massa al materialismo ha segnato di recente due importanti successi. Il primo è negli USA, dove la legge sull'istruzione pubblica del gennaio 2002 suggerisce di preparare gli studenti a distinguere i dati e le teorie scientifiche verificabili dalle affermazioni filosofiche o religiose fatte in nome della scienza. Più specificatamente, s'indica la necessità, durante l'insegnamento dell'evoluzione biologica, di preparare gli studenti a diventare partecipi informati delle discussioni che tale argomento suscita. (vedi http://creazionismo.org/eco creazionista/articoli/art10.htm) Il secondo è in Italia e riguarda i nuovi indirizzi per i programmi scolastici del Ministero dell'Istruzione, dell'Università e della Ricerca (MIUR), nei quali l'evoluzionismo è stato cancellato dagli argomenti di scienze per i primi otto anni del ciclo scolastico. La decisione del MIUR è un primo importante passo verso la separazione dell'evoluzionismo darwiniano dalle scienze ed il suo collocamento tra i miti, le ideologie e le preferenze filosofiche.

Conclusioni

Il ventesimo secolo, il dogmatismo materialista ha sostituito quello religioso, con effetti sulla libertà di pensiero del tutto simili al fanatismo religioso. A livello dell'istruzione scolastica, ciò ha portato all'indottrinamento di massa alla filosofia materialista. A livello accademico, ha portato alla soppressione della critica ai dogmi e miti del modernismo, e all'emarginazione degli scienziati dissidenti.

Gli sviluppi nell'ultimo decennio fanno sperare nella fine del monopolio materialista, e nel reinserimento dell'interpretazione teista della natura. Questo è un traguardo importante per lo sviluppo e la liberta intellettuali. Non si tratta di censurare la scienza, ma di semplice onestà intellettuale: insegnare le differenze tra scienza, ideologia e filosofia. Solo così si potrà comprendere che l'evoluzionismo darwiniano non è scienza, ma preferenza filosofica. Questo è il punto importante, perché, per dirla con le parole di Zichichi, "di Scienza ce n'è una sola, mentre di Arte, Letteratura, Filosofia e di altre attività intellettuali ce ne sono tante e spesso in contraddizione le une con le altre."[28]

BIBBIA E CULTURA

La Bibbia non è solo Testo Sacro

"*Bibbia e cultura*" è il titolo dell'interessante libro di Fernando De Angelis. Egli rintraccia l'influenza della Bibbia in tutti i campi dell'attività umana – evoluzione, storia, economia, geografia. Ma è di un'altra cosa che io vorrei parlare. Non di quello che la Bibbia *ci ha lasciato*, ma di quello che *è stata* durante il lungo cammino della civiltà occidentale e quello che potrebbe *ancora dare*. In più, non parlerei di fede ma di cultura. La mia idea non è originale. In Italia esiste *Biblia*, una Associazione laica di cultura biblica riconosciuta con decreto del Presidente della Repubblica del 25 novembre 1989 (vedi http://www.biblia.org).

Secondo Harold Bloom 70% delle opere d'arte e letterarie del passato fanno riferimento esplicito alla Bibbia. Il fatto che la storia – da non confondere con la cronaca degli eventi – è spesso narrata meglio nelle opere letterarie che nei testi di storia. Questo da solo basterebbe per ritenere utile – come fa l'Associazione *Biblia* – che si introduca una qualche forma di insegnamento della Bibbia nella scuola.

Purtroppo insieme all'avanzamento della cultura "laica", che spesso altro non è che il termine politicamente corretto di ateismo, non solo è scomparso il significato della Bibbia come messaggio di salvezza, ma anche il suo significato storico e letterario. È ammesso da tutti gli addetti ai lavori che, visitando le nostre splendide pinacoteche (che secondo UNESCO contengono 60% del patrimonio artistico dell'umanità), i ragazzi non sono in grado di comprendere il significato e il messaggio trasmesso dalle opere d'arte, ma al massimo e forse in pochi, di giudicarle solo in chiave di prospettive, chiaro-scuri, tecniche originali e scuole di pittura. Peggio che giudicare le moto e le automobili solo per la vernice e gli elementi decorativi della carrozzeria.

Capisco la vanità di ciascun autore contemporaneo – pittore o scrittore che sia – di voler essere a tutti i costi originale, e lo scopo si raggiunge tanto più facilmente quanto meno si conoscono le rispettive opere del passato. Ma se questo soddisfa la vanità degli autori, siamo sicuri che è anche un bene per i pubblico? Io non sono sicuro. Sono però sicuro che la conoscenza della Bibbia – nei suoi soli aspetti storici, letterari e, per così dire normative – avrebbe un impatto positivo sulla società. A prescindere dal fatto che una parte rilevante del codice penale è in realtà emanazione di buona parte dei dieci comandamenti.

Al di fuori della Bibbia non è possibile parlare di civiltà occidentale e di radici giudaico-cristiane. È vero che la Bibbia è stata usata come pretesto non solo per unire, ma soprattutto per dividere. Curiosamente, ad usarla oggi così sono autorevoli esponenti del mondo laico piuttosto che religioso, cercando di dividere, ad esempio, gli appartenenti alle religioni che fanno riferimento al Vecchio Testamento da quelli che si riferiscono anche al Nuovo. Ho scritto *anche* al Nuovo. Spiegatemi voi il paradosso che a separare il Nuovo dal Vecchio Testamento siano ora alcuni esponenti del mondo laico e culturale piuttosto che quello delle religioni. I credenti hanno almeno la scusa di separarsi perché ciascun gruppo religioso può credere che la "giusta dottrina che porta alla salvezza" è solo quella del proprio gruppo. Ma la cultura laica che non partecipa alla separazione per motivi di fede e dovrebbe essere più libera di percepire il messaggio storico-letterario della Bibbia e riconoscere il valore unificativo del testo che risalta le radici comuni e non le differenze confessionali.. E invece ho l'impressione che certe posizioni laiche altro non sono che la passiva registrazione di un dato di fatto: l'incomprimibile tendenza degli uomini di avversarsi, scontrarsi e uccidersi nel nome di qualsiasi differenza tra le rispettive opinioni. Come i due popoli descritti da Jonathan Swift, che si fan guerra per decenni a motivo dei due diversi modi di rompere le uova: dalla parte acuta o rotonda. Da intellettuali impegnati mi aspetterei qualcosa di più. Ad esempio sottolineare che motivi come quello delle uova siano una cosa pretestuosa e irrilevante da raccontare per ridere insieme e non da mantenere come segno di ineluttabile, necessaria e opportuna separazione.

La cultura, tradizione e identità di un popolo sono un bene da salvaguardare. Le recenti proposte di introdurre l'insegnamento dell'islam nelle scuole pubbliche incoraggiano la se-gregazione, ovvero la dis-gregazione della società italiana, e nella migliore ipotesi rischiano di portare ad un comunitarismo (addirittura promosso e finanziato dallo stato), che è la versione moderna e politicamente corretta di razzismo. Sarebbe meglio, se possibile, insegnare le proprie radici comuni, ed il testo di riferimento, almeno per le religioni abramitiche, c'è ed è proprio la Bibbia. Lasciando alle famiglie e ai maggiorenni la libera scelta delle di associarsi a quel gruppo religioso che secondo loro – dal punto di vista della fede – interpreta meglio il comune Sacro Testo. In questo senso la proposta di insegnare non religione ma storia delle religioni è di per sé condividibile. Ma se non realizzabile, è meglio lasciare le cose come stanno. La Chiesa cattolica alla quale fa richiamo spirituale e culturale la nazione italiana ha il diritto e le carte in regola per gestire l'ora di religione. Parola del rabbino capo Riccardo Segni e di molti come me che, pur non essendo cattolici, vogliono conservare ed esaltare piuttosto che declassare il patrimonio culturale italiano, costringendolo ad un'assurda "par condicio" con gruppi minoritari che spesso rappresentano non la propria cultura d'origine, ma alcune particolarità tribali o settari presenti all'interno di essa.

COSA CI RESTA DELLA TEORIA DI DARWIN?

In realtà cosa rimane della teoria Darwiniana, oggi, all'interno del mondo evoluzionista? Se rimane molto poco, cos'è che permette agli evoluzionisti attuali di richiamarsi ancora a Darwin e con quale legittimità?

Parlando di evoluzione, occorre distinguere tra *evento* e *meccanismo*. Darwin non ha proposto una teoria complicata e dettagliata, ma una che può essere riassunta in poche righe. Quello che ha detto è che le forme di vita oggi esistenti si sono sviluppate per lenta trasformazione, a partire da una forma di vita semplice, comparsa nel lontano passato. Questo è l'*evento*. Come è successo questo? Ecco il *meccanismo*: Nelle popolazioni si osservano piccole variazioni, come quelle che l'uomo sfrutta negli allevamenti per produrre nuove razze. Queste variazioni possono essere ereditarie e, se favorevoli, tendono ad essere selezionate e conservate nella lotta per la vita; se invece risultano sfavorevoli, tendono ad essere eliminate. Il meccanismo che opera questo processo di selezione/eliminazione si chiama selezione naturale (in analogia alla selezione artificiale praticata dall'uomo negli allevamenti). A partire da una o poche forme iniziali di vita, l'accumulo di tante piccole variazioni nel corso di milioni di anni ha prodotto grandi cambiamenti, con la comparsa di nuove specie, fino alla diversificazione delle forme di vita oggi esistenti. Ma la cosa più importante è che per Darwin l'intero processo è governato da leggi naturali e non richiede né un progetto intelligente, né un intervento sopranaturale.

Per gli evoluzionisti l'*evento* è un fatto indiscutibile, come quello che la Terra è sferica. In più, come scienziati devono spiegare ogni fenomeno con cause naturali. Queste due cose fondamentali sono condivisi oggi da tutti i darwinisti, e questo basta e avanza per spiegare perché essi si continuano a richiamare a Darwin e non agli a Chambers, Saint George Mivart o lo stesso Wallace, coautore della teoria di Darwin, i quali, in un modo o nell'altro, ritenevano che l'*evento* – cioè l'evoluzione – era guidata da una intelligenza sopranaturale. (Un discorso a parte merita Lamarck, la cui teoria fu chiamata "spazzatura" (rubbish) dallo stesso Darwin, il quale, però, in risposta alle critiche degli scienziati, ammetteva nell'ultima edizione del suo libro la validità del meccanismo di variazioni ereditarie indotte dall'ambiente e postulate da Lamarck: in mancanza di argomenti "puliti" va bene anche la "spazzatura").

Ma anche i meccanismi di base dell'evoluzione sono condivisi dagli evoluzionisti, i quali hanno semmai aggiunto altri meccanismi evolutivi a quello proposto da Darwin. Come si vede, sono molte le cose che permettono agli evoluzionisti attuali di richiamarsi ancora a Darwin, e con piena legittimità.

Le caratteristiche del darwinismo sono sintetizzate bene dal filosofo cattolico Etienne Gilson: «Questo nuovo *hircocervus*, l'*evolutionismus darwinianus*, dà prova di una vitalità straordinaria. La deve senza dubbio alla sua natura particolare di ibrido tra una dottrina filosofica e una legge scientifica: avendo la generalità dell'una e la certezza probatoria dell'altra, è praticamente indistruttibile». (Etienne Gilson, *Biofilosofia da Aristotele a Darwin e ritorno*, Genova-Milano, Casa editrice Marietti, 2003, p. 114).

Stando così le cose, a quale parte dell'*ibrido* deve Darwin la gloria oggi tributatagli? Secondo me alla prima, cioè la dottrina filosofica. Ne è una dimostrazione la celebrazione – ormai globale – del suo compleanno (Darwin Day), un evento senza precedenti nel mondo della scienza, con una coreografia che richiama quella della venerazione dei santi ed il culto dei capi di certi regimi politici, che trasforma il naturalista inglese in un vero e proprio profeta della religione materialista ed atea.

Che l'importanza del darwinismo non dipende tanto dalle teorie riguardanti il ruolo delle mutazioni genetiche e della selezione naturale, ma piuttosto dagli effetti culturali del darwinismo è dimostrato anche dal fatto che Darwin appartiene non soltanto ai testi di biologia; il testo più diffuso di letteratura per i licei (La letteratura italiana - Guida storica, Secondo Ottocento e Novecento, Bologna, Zanichelli, 2004) descrive così l'importanza del darwinismo: «*Tra le acquisizioni scientifiche dell'epoca, quella che ebbe le maggiori conseguenze culturali è la teoria dell'evoluzione formulata da Charles Darwin. L'enorme impatto culturale del darwinismo, sulla speculazione filosofica come sul senso comune, si può paragonare solo a quello che aveva avuto il passaggio dalla concezione tolemaica del sistema solare a quella copernicana. Vediamone le principali implicazioni: a una visione della natura immutabile, creata da Dio quale la conosciamo, si sostituisce il concetto di una storicità della natura: un unico processo evolutivo coinvolge l'universo, la terra, la vita e l'uomo stesso; viene affermata la piena naturalità dell'uomo, animale tra gli animali anche se più evoluto; tutto questo portava a uno scontro con le concezioni religiose tradizionali: non solo perché contrastava col racconto biblico della creazione inteso alla lettera, ma perché dalla spiegazione della natura veniva eliminata ogni idea finalistica o provvidenziale. Il conflitto fra la scienza e la fede fu uno dei grandi temi del tardo Ottocento*». Per concludere, mentre l'*utilità filosofica* del darwinismo è fuori discussione, la sua *validità scientifica* è invece discutibile. Le idee, però, devono la propria fortuna alla loro utilità, non alla loro veridicità.

CONFUSIONE SULL'EVOLUZIONE UMANA
Scienziati in disaccordo su (quasi) tutto

Riguardo all'evoluzione umana, attualmente coesistono ben quattro idee che si escludono a vicenda. C'è chi sostiene che l'evoluzione umana sarebbe non più progressiva, ma degenerativa; altri invece che è accelerata; altri ancora che è rallentata; ed infine che è addirittura ferma. Il compito di spiegare come tutto ciò possa essere contemporaneamente vero e scientificamente provato è alquanto arduo, e io – almeno qui – neanche ci provo. Indicherò però le fonti delle diverse opinioni, di modo che chi ha voglia di approfondire l'argomento sia messo in condizioni di poterlo fare.

L' evoluzione umana non è più progressiva, ma degenerativa

Meglio di tutti spiega ciò John Sanford, professore per oltre 25 anni alla Cornell University (New York) e specialista in genetica delle piante. Non uno specialista qualsiasi, ma uno dei massimi esperti mondiali di ingegneria genetica, inventore di tre tra i più importanti metodi di manipolazione genetica: il processo biolistico ("gene gun"), la resistenza patogeno-derivata e l'immunizzazione genetica; la maggior parte degli organismi transgenici sono infatti prodotti utilizzando la tecnologia "gene gun", inventata da Sanford e dai suoi collaboratori. Tutto ciò è spiegato nel libro *Entropia genetica e il mistero del genoma*, ora alla seconda edizione, che abbiamo recensito altrove (vedi http://www.origini.info/articolo.asp?id=154). Sanford dimostra che un genoma attualmente non evolve, ma degenera, specie negli organismi più complessi. Il messaggio è piuttosto inquietante, perché indica come la specie umana, proprio perché molto complessa, rischia l'estinzione.

L'evoluzione umana si è fermata

Questa tesi ha destato stupore nelle file sia degli evoluzionisti che dei creazionisti. A esprimerla è stato il 7 ottobre 2008 Steve Jones, professore di biologia evoluzionistica dell'UCL, University College of London (vedi video http://www.ucl.ac.uk/lhl/streamed/lhlpub2/01_071008). Jones riconosce la validità della tesi di Sanford, (cioè che il genoma umano non sta evolvendo, ma degenerando), ma esorcizza le conseguenze, sostenendo che la degenerazione non fa più paura, dato che l'evoluzione si è fermata.

L'evoluzione umana è accelerata

Questa conclusione sembra fatta apposta per contraddire Steve Jones. Con uno studio accurato pubblicato su *PNAS*, December 26, 2007, vol. 104, no. 52, pp. 20753–20758 (http://www.pnas.org/content/104/52/20753.full.pdf+html), John Hawks e i suoi collaboratori spiegano che l'evoluzione umana negli ultimi 5000 – 10000 anni ha accelerato il suo cammino di 100 volte! Roba che qualche mattina vedremo dalla finestra uomini che volano o almeno si arrampicano come ragni sui grattacieli. Fino a 5000 anni fa, insomma, l'evoluzione si comportava abbastanza bene, anche se un po' capricciosa, ma adesso corre come impazzita!

L'evoluzione umana ora è soprattutto culturale

A vedere così le cose è Luigi Luca Cavalli Sforza, medico, genetista di fama internazionale. In un recente e illuminante articolo sul *Corriere della Sera* (sabato 29 agosto 2009, pagina 36), utilizzando la tecnica della mamma che cerca di distrarre il bimbo che piange, Cavalli Sforza si sforza a spiegare che l'evoluzione ora è rallentata e non ha più l'importanza di una volta, perché è sostituita dalla più veloce evoluzione culturale, che è "l'accumulo di nuove conoscenze". Invece io da ignorante (cioè poco evoluto) pensavo che l'umanità accumulasse sì conoscenze, ma per acquisirle, la prole, dovesse – a partire da quello che i latini chiamavano "tabula rasa" – imparare lo scibile accumulato. Invece no! Cavalli Sforza, da buon genetista avrebbe scoperto che la tabula rasa è una balla. La verità è che noi evolviamo culturalmente. Non è una notizia da poco, occorre dirlo alla Gelmini, così non spreca energie e risorse per migliorare la scuola. Alla luce del pensiero sforzesco i sondaggi OCSE che danno per somari gli alunni e gli insegnanti italiani, dimostrano soltanto che nella penisola appenninica l'evoluzione culturale è più lenta. Ora capisco meglio un sacco di cose. Ad esempio, quando un amico che ha in affidamento un bambino slovacco mi disse "c'è voluto uno straniero per vedere un nove in pagella nella nostra famiglia", la cosa mi sembrò una divertente battuta. Ma dopo aver letto Cavalli Sforza ho capito che è un fatto scientifico che riguarda sempre lei, la capricciosissima evoluzione. E allora viva gli innesti – ma quelli giusti, da nove in pagella in su!

L'insegnamento dell'evoluzione nelle Scuole Europee

Maciej Giertych

Traduzione a cura di **Sandro D'Alessandro**

L'evoluzione nel Parlamento europeo

L'11 ottobre 2006 ho organizzato al Parlamento Europeo un'audizione sull'insegnamento dell'evoluzione nelle scuole europee. Ho invitato tre oratori ed ho svolto il ruolo di moderatore. Era presente in udienza un buon numero di giornalisti, membri del Parlamento ed assistenti. Nel corso della sessione c'è stata la traduzione simultanea in inglese, francese, tedesco e polacco.

Ho iniziato a spiegare che quando ero a scuola l'evoluzione è stata insegnata come un fatto biologico scientificamente provato dalla paleontologia. La mia formazione successiva (laurea in Scienze Forestali, specializzazione in Fisiologia Vegetale e Genetica) e la carriera scientifica non hanno richiesto alcun riferimento alla evoluzione e ho finito con l'insegnare la Genetica delle Popolazioni agli studenti di Biologia. E' stato solo in quel momento che ho imparato dai libri di testo scolastici dei miei figli che l'enfasi nell'insegnamento dell'evoluzione si era trasferita dalla Paleontologia alla Genetica delle Popolazioni, il mio campo. Ho avuto da protestare. L'argomento secondo cui la formazione delle razze è l'esempio di un piccolo passo sulla via dell'evoluzione è falso, perché la formazione della razza dipende dalla riduzione delle informazioni genetiche, mentre la sua evoluzione postula un aumento. Ho verificato che le stesse "prove dell'evoluzione" vengono insegnate nelle scuole di tutta Europa e non solo dai programmi di ispirazione marxista nelle scuole polacche.

Ho cominciato a indagare su ciò che è accaduto agli argomenti sull'evoluzione che erano stati insegnati mentre ero nella scuola secondaria (in Inghilterra). Mi fu ben presto chiaro che ci sono molte obiezioni scientifiche alla teoria. Tali obiezioni meritano ben più diffusione di quella che hanno avuto, ed è per questo che ho organizzato l'audizione al Parlamento europeo a Bruxelles.

Ho cominciato col dare la parola a un paleontologo, chiedendogli che cosa fosse successo alle argomentazioni paleontologiche riguardo alla teoria. Il Dr. Hans Zillmer, un paleontologo tedesco, ha partecipato a diversi scavi in tutto il mondo ed è autore di diversi libri sulla evoluzione, pubblicati anche in Polonia. Ha dato, con stupende illustrazioni, informazioni su nuove scoperte che indicano che i dinosauri e la gente hanno vissuto contemporaneamente, sulla presenza congiunta di resti fossili di organismi che sono ritenuti appartenere a diverse epoche geologiche e sull'esistenza di organismi che non presentano alcuna variazione lungo molti strati che abbracciano una scala temporale di molte centinaia di milioni di anni. Egli ha inoltre mostrato le foto di persone contemporanee che hanno teschi esattamente uguali a quelli degli Uomini di Neanderthal, così come ha mostrato foto di scimmie attualmente viventi, che hanno teschi simili a quelli degli Australopitecini fossili. Pertanto non vi è alcuna sequenza da scimmie a uomini, ma sostanziale variazione fra uomini e scimmie, sia viventi che allo stato fossile. Ha concluso il suo intervento interrogando l'attuale metodo di insegnamento circa la datazione della colonna stratigrafica.

Come secondo oratore ho invitato un sedimentologo, un ingegnere idraulico della Scuola Politecnica di Parigi, Guy Berthault. Egli ha presentato i risultati della sua ricerca sulla formazione di rocce sedimentarie. Egli ha detto che, dopo aver miscelato mercurio, acqua e petrolio, noi osserveremo distinti strati, non perché il mercurio è vecchio e il petrolio è giovane, ma perché essi differiscono per il peso specifico. Simile è il caso delle rocce sedimentarie. I sedimenti non cadono dal cielo. In primo luogo vi è l'erosione, poi il trasporto ed alla fine la sedimentazione. Durante il trasporto le particelle si strofinano le une contro le altre e si dispongono a seconda del loro peso specifico, la forma e le dimensioni. Questo trasporto più comunemente avviene con la partecipazione di acqua, ma può anche avvenire ad opera del vento o di una frana a secco. Berthault osserva questi fenomeni dietro i vetri in grandi laboratori idraulici in cui l'acqua trasporta una miscela di vari materiali. Egli osserva la costituzione simultanea di molti strati. I suoi principali studi sono stati condotti presso la Colorado State University in collaborazione con il Prof. Pierre Julien Y. ma attualmente lavora con gli scienziati dell'Accademia Russa delle Scienze di San Pietroburgo in cui le simulazioni sono state condotte in condizioni di laboratorio per ottenere concreti strati che riproducono le sequenze stratigrafiche delle formazioni di cui conosce l'esistenza in natura. I risultati di Berthault rendono obsoleto l'intero sistema di datazione in geologia. Egli mette in discussione l'intera colonna stratigrafica. Ciò che è necessario per formare gli strati è una grande quantità di acqua che trasporta materiale proveniente da erosione. Non sono necessari milioni di anni, ma sono sufficienti minuti, ore o giorni per spiegare tutte le formazioni. Naturalmente, senza milioni di anni, non vi è alcuna evoluzione.

Il terzo oratore è stato il Prof. Giuseppe Mastropaolo, un fisiologo umano dalla California State University, che ha proposto che nelle scuole si insegni l'involuzione, piuttosto che l'evoluzione. L'esistenza dell'involuzione si può dimostrare sperimentalmente. Il mondo è in fiamme, in termini di consumo energetico. Le risorse di informazioni della biosfera sono in calo. L'estinzione di specie è un fatto osservato. Non si assiste affatto alla formazione di nuove specie. Il carico genetico, cioè il numero di difetti genetici in una popolazione, è in crescita in tutto il mondo vivente. Ha presentato i dati relativi alla temibile crescita esponenziale dei difetti genetici nella popolazione umana che mettono in pericolo l'esistenza stessa della nostra specie. Il processo che va nella direzione opposta all'evoluzione è dimostrabile. Per l'evoluzione non abbiamo prove scientifiche. Egli ha menzionato anche i vari meccanismi con cui i difetti sono corretti in natura, come la guarigione, la ricrescita dei tessuti o degli organi andati perduti, la resistenza immunologica ai parassiti, la formazione di cisti per rendere innocui corpi estranei, ecc. Il potenziale correttivo è grande, sia per i singoli che per la popolazione, ma non ha nulla a che fare con i postulati processi evolutivi. Non appare niente nuovo. Mastropaolo ha in qualche modo estremizzato un po' l'impatto della sua presentazione incolpando tutti i "fiumi di sangue", organizzati dalle ideologie nazista e comunista del 20° secolo, riguardanti l'accettazione della teoria dell'evoluzione. Questa estrapolazione ha alcune giustificazioni (si veda il mio capitolo "*Miglioramento genetico di persone*" più avanti) ma era evidentemente una esagerazione.

Dopo queste tre presentazioni c'è stato un dibattito nel quale i relatori rispondevano alle domande provenienti dal pubblico. Durante la sessione non si è fatto alcun riferimento a qualsiasi creazionismo. Anche il "disegno intelligente", tanto di moda negli Stati Uniti, non è stato menzionato. Ci sono state alcune osservazioni critiche, ma nelle relazioni non vi era alcun motivo da giustificare le accuse di essere motivate religiosamente.

Il mattino successivo accusato dalla stampa polacca di propagandare il fondamentalismo religioso. Questo è partito da un quotidiano di Varsavia (*Życie Warszawy*, Oct.12th 2006) che ha scritto che ho preteso che i genitori dovrebbero decidere se ai bambini verrà insegnata o meno l'evoluzione. Io ed i miei tre ospiti siamo stati descritti (*Gazeta Wyborcza* 13 Ott. 2006) come fautori della "teoria creazionista" secondo la quale "tutti gli organismi viventi sono stati creati contemporaneamente da Dio come descrive la Bibbia" e che "l'Arca di Noè è un fatto storico". Sono stato definito come colui che ha fatto calcolato la capacità dell'Arca di Noè, per un peso di 14000 tonnellate.

Il giorno successivo, quasi tutti gli altri giornali mi hanno messo in ridicolo, citando *Życie Warszawy* e le sciocchezze in merito alla capacità dell'Arca. Essi hanno sostenuto che ho organizzato una sessione sul creazionismo a Bruxelles. La *Gazeta Wyborcza* (13 ott 2007) ha scritto che "il Prof. Giertych e tre scienziati sostengono che la teoria del creazionismo, che sostiene che l'universo, l'uomo e tutti gli organismi sono stati creati da Dio nello stesso tempo, dovrebbe essere insegnata nelle scuole. "

In seguito a ciò, numerosi canali TV e radio agenzie mi hanno avvicinato ed hanno registrato quello che avevo da dire sul tema della sessione che avevo organizzato al Parlamento europeo. Niente di ciò è stato divulgato. Sono stati effettuati dei tentativi di provocare una mia risposta in termini religiosi ma sono stato attento a non farmi coinvolgere in uno scambio di opinioni a questo livello. Ho mantenuto il mio commento strettamente scientifico, e per questa ragione le mie osservazioni sono state considerate inutili. Ciò che io ho tentato di dire ai media non era di alcun interesse per loro dal momento che non dicevo ciò che volevano che io dicessi.

Io sono abituato al fatto che i media mentono. Ciò che mi ha sorpreso è stato il fatto che sono stato attaccato allo stesso modo anche da parte dei media cattolici, a dispetto del fatto che l'Agenzia d'informazione cattolica polacca mi abbia raggiunto e mi abbia intervistato sul tema. Ciò che hanno pubblicato ha riportato le notizie dei media laici e non ciò che hanno sentito da me. Ho cercato di scoprire dove *Życie Warszawy* avesse ottenuto le informazioni in merito alla capacità dell'Arca di Noé e le altre cose scritte, e mi è stato detto da parte dell'autore dell'articolo che al suo testo erano state aggiunte alcune cose che non erano state scritte da lui. Naturalmente, qualsiasi ritrattazione da parte del quotidiano è inutile per me - la storia ha avuto una vita propria e, infine, è diventata internazionale. Il mondo dei media, nonché delle riviste scientifiche, ha protestato per la nostra promozione di una posizione considerata scientificamente inaccettabile. Ridicolizzare me ed i miei ospiti in seno al Parlamento europeo è diventata prassi comune.

Eppure tutto ciò che stavamo cercando di fare era favorire l'insegnamento della verità nelle scuole.

# # #

La sessione di Bruxelles ha avuto un interessante seguito nell'Assemblea parlamentare del Consiglio d'Europa. Preoccupata per la pubblicità che ha ricevuto la nostra sessione, la commissione per la cultura, la scienza e l'istruzione ha prodotto un documento intitolato "I pericoli del creazionismo nell'istruzione" (doc. 11297, 8 giugno 2007). Guy Lengagne, un socialista francese, è stato il relatore. In una relazione esplicativa il relatore cita espressamente tra i motivi di questa relazione il mio impegno sul tema in qualità di membro del Parlamento europeo e la posizione espressa nel Ministero della Pubblica Istruzione polacco a seguito del rumore dei media che questa sessione di Bruxelles ha creato.

L'Assemblea parlamentare del Consiglio d'Europa aveva sufficiente buon senso da rifiutare il dibattito sulla relazione Lengagne con un voto che ha avuto luogo il 25 giugno 2007. Il documento è tornato alla commissione perché essa lo modificasse nella figura di un nuovo relatore, Anne Brasseur dal Lussemburgo. Una versione riveduta e addolcita del documento (n. 11375) è ritornata presso l'Assemblea parlamentare per la discussione, che si è svolta il 4. Ott 2007. Dopo l'introduzione di alcuni emendamenti essa è stata adottata. Il risultato della votazione è stato di 48 voti a favore, 25 contrari e 3 astensioni, con 449 non votanti. E' evidente che sul tema dell'evoluzione il sistema politico europeo è lungi dall'essere unanime.

La controversia sull'evoluzione

Il mio impegno personale

Dal momento in cui ho organizzato l'audizione al Parlamento Europeo sull'insegnamento dell'evoluzione in Europa (l'11 ottobre 2006) i media (TV, radio, internet, blog, ecc.) mi accusano di tutti i tipi di idiozie in relazione alla mia opposizione alla teoria dell'evoluzione. Sono accusato di affermazioni che non ho mai fatto, ma non scrivono ciò che veramente ho risposto alle loro domande. Io sono abituato ad essere criticato dai media per ciò che faccio. E' più difficile sostenere attacchi per cose che non ho fatto o non ho detto. Il mio punto di vista anti-evolutivo è diventato internazionale, quando la celebre rivista scientifica britannica *Nature* mi ha attaccato. Essa mi ha permesso di rispondere (n. 444, 265 (2006)) con una breve lettera sul tema. Essa è stata poi attaccata da una valanga di commenti così violenti che una rivista tanto rispettabile come *Nature* non dovrebbe mai consentire tali sciocchezze sulle sue pagine. Purtroppo Nature ha omesso di pubblicare la mia risposta a tutti questi attacchi. Così ho deciso che vale forse la pena di mettere giù le mie opinioni su carta e farle circolare nel Parlamento europeo, affinchè tutte le persone sappiano da dove vengono tutti i problemi.

Comincerò spiegando il motivo per cui mi sono interessato al dibattito sull'evoluzione. Imparai l'evoluzione nella scuola secondaria in tempi in cui tutti i principali elementi di prova provenivano dalla paleontologia. Non ho mai avuto bisogno della teoria dell'evoluzione per spiegare nulla, mentre io stavo studiando Scienze Forestali, mentre lavoravo per il mio dottorato di ricerca in Fisiologia degli albero, o per la mia abilitazione (equivalente a DSC) in Genetica vegetale. La Genetica delle popolazioni degli alberi forestali è diventato il mio principale campo di ricerca, ed è stato in questo settore che ho fatto la mia carriera scientifica, conseguendo una posizione significativa, sia in Polonia che a livello mondiale. Non so nulla circa la paleontologia. Io credevo che, dal momento che paleontologi sostengono di avere le prove dell'evoluzione, essa deve essere un fatto scientifico. Come regola generale gli scienziati si credono a vicenda. Così ho creduto nell'evoluzione come tutti intorno a me. La mie considerazioni religiose non hanno svolto alcun ruolo. Dio avrebbe potuto creare il mondo istantaneamente, come avrebbe pure potuto agire gradualmente, attraverso l'evoluzione. Il ruolo degli scienziati è quello di cercare la verità.

Quando i miei figli hanno iniziato la scuola secondaria ho scoperto da loro che i principali elementi di prova per l'evoluzione derivano non tanto dalla paleontologia, ma dalla genetica delle popolazioni. Ora, io insegno Genetica delle popolazioni agli studenti di Biologia dell'Università Niccolò Copernico di Toruń e non so che la mia specialità fornisca "prove" schiaccianti all'evoluzione. Ho dovuto esaminare la questione più da vicino.

Ciò che ho trovato nei libri di testo dei miei figli mi ha sconvolto. I principali elementi di evoluzione si diceva fossero l'esempio di una specie di falena (*Biston betularia*), che si poggia sulla corteccia delle betulle e che di solito è biancastra, ma che nelle zone industriali, nelle regioni in cui la corteccia di betulla è coperta dalla fuliggine, la falena diventa nera. Questo è un esempio della formazione di una razza (= micro-evoluzione), un piccolo passo nell'evoluzione! Gli agenti della selezione sono gli uccelli, in quanto essi predano le falene che si notano più facilmente: quelle di colore bianco sulle cortecce nere e quelle di colore nero sulle cortecce bianche. Esattamente come ha postulato Darwin! La selezione naturale porta all'evoluzione.

Formazione delle razze (= micro-evoluzione)

Il problema, ad ogni modo, è che, rispetto ai tempi di Darwin, ora sappiamo molto di più sulla formazione della diversità e delle razze. Egli osservò la diversità all'interno di ogni specie e la stabilizzazione di questa diversità. Egli osservò che fringuelli in varie isole isolate differiscono nella forma del loro becchi. Questo lo portò a postulare l'evoluzione come meccanismo di differenziazione delle popolazioni. In natura si trovano diversità derivanti dalla miscelazione (ricombinazione) di risorse genetiche (alleli) nel processo di riproduzione sessuale, soprattutto durante la loro riduzione per divisione (meiosi) che porta alla formazione dei gameti. In questo processo le caratteristiche ereditate dalla madre e dal padre sono mescolate in modo che i gameti risultanti (ovociti, cellule spermatiche, granuli di polline) sono tutti geneticamente diversi. Oggi sappiamo che, sia nella formazione delle razze che avviene in natura, che in quella che avviene con il miglioramento genetico, le razze sono la conseguenza dell'isolamento, della selezione e della deriva genetica. Senza isolamento non ci sono razze. Se abbiamo un cane di razza e, per un attimo, trascuriamo l'isolamento lasciandolo accoppiare con cani di altre razze, finiamo poi con l'ottenere dei bastardi, o, per parlare in modo più professionale, la varietà nobile torna al pool genico privo di selezione. La selezione è un processo che elimina ciò che in alcune condizioni di vita è meno adatto per la vita (per esempio, le falene bianche sulle cortecce nere sono individuate e mangiate dagli uccelli), o che è considerato inutile da chi effettua il miglioramento genetico. La deriva genetica è la perdita accidentale di alcuni geni che si verifica in piccole popolazioni – le razze isolate o selezionate sono di solito numericamente esigue -. Questo processo è simile alla perdita accidentale del numero di cognomi in piccole comunità umane isolate; quando qualcuno non ha figli, il suo cognome scompare.

Ora sappiamo che né l'isolamento, né la selezione, né la deriva genetica accrescono il pool genico. E' esattamente il contrario – i geni si riducono -. La formazione delle razze è un processo che va in direzione opposta rispetto all'evoluzione. E' un processo che porta verso la riduzione delle risorse genetiche. Insegnare ai bambini che questo è un esempio di un piccolo passo nell'evoluzione è semplicemente sbagliato. Ciò risulta loro fuorviante.

Naturalmente, quando dall'industria termina l'emissione di fuliggine sia la corteccia di betulla che le falene ritornano bianche. Nessuna nuova specie è stata costituita. Non c'è stato isolamento rispetto alle popolazioni di falena più lontane dall'industria, e nella popolazione selvaggia esistono sia geni per il colore bianco che per il colore nero. Quello che è cambiato è il solo criterio di selezione. Ora sono le falene nere appoggiate sulla corteccia di betulla ad essere notate più facilmente dagli uccelli. Lo stesso avviene nel miglioramento genetico fatto dall'uomo. In un certo periodo avevamo bisogno di pomodori con bucce delicate, in modo da poterli digerire più facilmente. Ora abbiamo bisogno di quelli con bucce più dure, in modo che non si rompano durante la raccolta meccanica. Quindi si impiegano diverse razze di pomodoro a seconda che essi siano destinati al consumo diretto e raccolti a mano, o che siano destinati alla trasformazione industriale (ketchup, zuppe, paste, succhi di frutta) e raccolti meccanicamente, e si impedisce l'incrocio fra le due.

Mutazioni

La questione si pone: da dove provengono le nuove informazioni genetiche ? C'è bisogno di questo, affinché ciò che è determinato dalla selezione naturale possa dare origine a qualcosa che prima non esisteva, come un nuovo organo, una nuova funzione, o una nuova barriera alla riproduzione sessuale. Rispondendo a questa domanda, i libri di testo scolastici menzionano le mutazioni positive. Il problema, tuttavia, è che non conosciamo alcuna mutazione positiva da poter eventualmente presentare a titolo di esempio. Siamo naturalmente a conoscenza di una moltitudine di mutazioni negative e neutre. In realtà temiamo le mutazioni. Proteggiamo noi stessi contro i raggi X, contro la radioattività, contro l'amianto ed altri agenti mutageni. Anche ammettendo che si verifichino mutazioni positive, esse si perdono comunque nella massa di quelle negative, tanto che non siamo in grado di individuarle.

Qualche tempo fa ci aspettavamo di ottenere nuove varietà utili attraverso la mutagenesi. Io stesso ho visitato tre stazioni di ricerca forestale (in USA, Svezia e Cecoslovacchia) dove, con l'aiuto di una bomba al cobalto, si è tentato di accelerare l'evoluzione al fine di ottenere nuove forme interessanti. Da questa ricerca non è venuto fuori nulla. Questa linea di ricerca è stata abbandonata molto tempo fa.

Lo stesso è accaduto in diversi laboratori di ricerca per il miglioramento genetico delle piante agrarie. In nessun posto al mondo è stato raggiunto nulla di positivo in questo modo. Qua e là sono stati ottenuti alcuni vantaggi commerciali (forme nane, fiori senza alcuni pigmenti, arance senza semi, ecc.) Tuttavia, questi non sono esempi di nuovi geni che appaiono, ma, al contrario, esempi di distruzione del gene. Nessuno di essi è positivo dal punto di vista dell'organismo mutato.

Oggi si sostiene molto spesso che gli organismi resistenti agli antibiotici, erbicidi, ecc, sono la prova delle mutazioni positive. In realtà, non è così. Prima di tutto, la maggior parte di tali forme è sviluppata in conseguenza di una ricombinazione dei geni esistenti all'interno della variazione. In secondo luogo, l'adattamento, anche se ha origine da mutazioni, deve essere trattato come una forma di difesa delle funzioni esistenti e non come lo sviluppo di una nuova funzione. Pertanto, esso appartiene ai processi di riparazione conosciuti in natura, come la guarigione delle ferite, la crescita delle parti staccate dal corpo, l'eliminazione delle cellule o di individui difettosi in una popolazione, il raggiungimento della resistenza immunologica ad una proteina invasiva (ad esempio, attraverso la vaccinazione), riparazione di difetti mutagenici, ecc. Ci sono erbicidi (vedi capitolo "Ruolo delle informazioni in biologia" trattato di seguito) costituiti in modo da attaccare una specifica proteina fondamentale in una determinata erbaccia, così da immobilizzare e provocare la morte dell'erbaccia. La comparsa di una mutazione che dà una variante della proteina che è ancora funzionale (mutazione neutra), ma refrattaria al diserbante, è in realtà una difesa della funzionalità della proteina, e quindi dell'organismo che ne ha bisogno. Essa non è la creazione di una nuova funzione.

L'informazione in natura è localizzata nel DNA. E' impiegata nei processi vitali da parte del DNA / RNA / proteine e trasmessa di generazione in generazione. Essa può essere rovinata da modifiche accidentali (mutazioni). Di per sé non migliora se stessa. Esso è equivalente ad un programma per computer, copiato da disco a disco. Esso si può guastare accidentalmente, ma non può migliorare spontaneamente. Modifiche accidentali possono essere pregiudizievoli o neutre. Esse non saranno mai positive.

La Genetica delle popolazioni non fornisce elementi di prova per l'evoluzione.

Paleontologia

Alla luce di questo cambiamento nel modo di insegnare l'evoluzione nelle scuole, ho iniziato a verificare ciò che è accaduto alla paleontologia. Perché essa non regna più nell'insegnamento dell'evoluzione?

Sembra che già nel 1980, al congresso internazionale sull'evoluzione tenutosi a Chicago, i paleontologi hanno ammesso che la caratteristica dominante dei resti fossili è la stasi - la continuità di specie in una forma invariata attraverso tutti gli strati in cui essi sono stati trovati[29]. Ci sono molti organismi che vivono ancora oggi, in sostanza, nella stessa forma in cui sono stati trovati in strati geologici considerati molto antichi. Tutti sappiamo che gli "anelli mancanti" postulati da Darwin sono ancora mancanti. Essi sono mancanti non solo nel senso fisico di non averne trovati i resti fossili, ma sono mancanti anche concettualmente, in quanto non possiamo immaginare come potrebbero essere stati nel caso in cui fossero esistiti. Ad esempio, come potrebbe apparire una forma intermedia tra un topo ed un pipistrello per poterlo considerare come l'anello mancante? Naturalmente, quando è coinvolta solo la dimensione, si possono immaginare forme intermedie, ad esempio, tra un topo e un ratto. Tuttavia, nel caso in cui dovessimo trovare i resti fossili di un mulo, essi sarebbero la prova dell'evoluzione da un asino ad un cavallo o piuttosto da un cavallo ad un asino? Sarebbe forse più giusto ammettere che da tale ricerca non possono essere tratte conclusioni evolutive.

Purtroppo, il forte desiderio di trovare un "anello mancante" e la fama che sarà collegata a tale scoperta, porta alla spiacevole

[29] - *Una delle ragioni per cui lo scritto di Guy Lengagne "Dangers of Creationism in education" fu proposto nel Parlamento Europeo fu la pubblicazione e l'ampia diffusione dell' "Atlas of Creation" ("Atlante della Creazione") di Harun Yahya, un Islamico turco fondamentalista. L' "Atlas" è una documentazione della stasi superbamente illustrata. Le fotografie rendono conto di resti fossili umani provenienti da diversi strati geologici, al pari di animali viventi e di loro scheletri che sono esattamente come i rispettivi fossili.*

situazione che in questo campo della scienza ci siano molti errori ed anche frodi. Non solo l'uomo del Nebraska ed il cranio di Piltdown erano falsi, ma anche l'uomo di Neanderthal è stato utilizzato in modo disonesto per la controversia sull'evoluzione. Egli usava gli strumenti e praticava sepolture religiose. Ha rappresentato una razza di uomo. In realtà le persone con caratteristiche simili si possono trovare ancora tra la gente, anche se forse non con la frequenza che avevano in un'epoca precedente.

Per me, inoltre, il famoso disegno, che mostra in fila uno scimpanzé, un gorilla, un Neanderthal, un aborigeno ed uno scandinavo, è una falsificazione. Che cosa vediamo in questo disegno? Ciò che colpisce l'occhio, in particolare, è il cambiamento di colore dal nero al bianco, con una riduzione della pelosità e una postura più eretta. Tuttavia, dalle ossa fossili non abbiamo informazioni sul colore della pelle, né sulla sua pelosità. Questa immagine è anche razzista, perché suggerisce che quelli con la pelle più scura e più capelli siano in qualche modo meno umani rispetto agli ariani. Ciò che ci rimane è solo la postura. La postura leggermente chinata della figura in mezzo che rappresenta il Neanderthal proviene dal primo individuo di questa razza umana scoperto in un luogo chiamato Neanderthal. Egli era un uomo anziano con deformazioni artritiche del midollo spinale. Individui successivi della razza Neanderthal non possedevano questa postura chinata. Anche se tutti i Neanderthals fossero stati trovati leggermente curvi, tale postura sarebbe la prova di un processo evolutivo che va dallo Scimpanzè allo scandinavo o nella direzione opposta? Dopo tutto, in quella fila solo il Neanderthal è un fossile – gli altri sono organismi attualmente viventi -. Che valore scientifico ha questo disegno? Tutti lo conosciamo. Il messaggio che trasmette non proviene da ricerche scientifiche. Questa è propaganda evolutiva, non scienza.

Naturalmente la sequenza di fossili di pre-ominidi proposta dai paleontologi, di cui così spesso sentiamo parlare dai mass-media, non ha nessun valore scientifico definitivo. Queste sequenze sembrano essere modificate da ogni nuova scoperta di fossili, il che significa davvero che non sappiamo nulla sui nostri antenati animali. Lo stesso vale per le proposte sequenze di cavalli, uccelli, ecc. se le nuove scoperte scientifiche modificano continuamente alcune teorie, queste non possono essere considerate un dato di fatto.

Sulla base di tale evidente mancanza di forme intermedie i paleontologi sono giunti alla conclusione che loro non le trovano. Così è stato necessario ricercare gli elementi di prova dell'evoluzione da qualche altra parte. Questo è il motivo per cui l'attenzione è stata rivolta ai mezzi di prova nel campo della genetica delle popolazioni. Nella stessa paleontologia le idee evolutive sono state proposte per un processo che non ha lasciato tracce fossili. Sono stati pertanto proposti salti evolutivi, il che equivale alla resurrezione dell'idea dell' "enorme promessa". Per una ragione qualsiasi, una volta, in una notte di luna piena, da un rettile si origina un uccello o qualcosa di simile. Per gli scienziati seri tali idee sono inaccettabili. Comparve un'idea chiamata "equilibrio punteggiato". Questa idea suggerisce che in natura domina la stasi, e i che cambiamenti evolutivi si verificano di tanto in tanto, in condizioni del tutto eccezionali, su piccole aree e molto rapidamente – tanto che non siamo in grado di individuare elementi di prova per questo -. Questa è una bella idea, dato che si assume come dato di fatto la non esistenza di prove; comunque, l'unico problema è che non può essere provata. Fino a quando non sarà osservata l'evidenza di una rapida comparsa di molte mutazioni positive, questo concetto rimarrà solo un'idea. Non ha nulla a che fare con la scienza - anche se è supportata da un professore di Harvard –.

Quando si parla di evoluzione, non è possibile evitare che si citino i dinosauri. Essi sembrano essere il simbolo favorito della teoria. I mass media trovano ora molto difficile nascondere il fatto che c'è una massa crescente di prove che tali animali erano contemporanei all'uomo. In diversi luoghi in tutto il mondo c'è l'evidenza di impronte umane e di dinosauro fianco a fianco negli stessi strati fossili. Immagini di dinosauri sono state trovate nell'arte pre-colombiana (pietre di Ica in Perù). Sono stati recentemente trovati, fra i ruderi di un tempio del 12° secolo a Ta Prom in Cambogia, bassorilievi raffiguranti vari animali, tra cui uno Stegosauro. Marco Polo ha scritto di aver visto l'imperatore cinese trasportato da un carro trainato da un drago. Storie su draghi esistono in tutte le culture (il castello di Wawel in Polonia, Loch Ness, si dice che San Giorgio abbia ucciso un drago, ecc.). Tutte queste storie potrebbero essere nate dalla memoria storica di alcuni dinosauri che sono vissuti fra gli umani.

Sedimentologia

Nello stesso anno - 1980 – in cui i paleontologi ammisero il fallimento nella ricerca degli anelli mancanti, nello Stato di Washington, negli Stati Uniti d'America, ebbe luogo una delle principali catastrofi vulcaniche. Esplose il vulcano Sant'Elena. Questa catastrofe locale fornì un laboratorio sedimentologico naturale. La prima esplosione provocò un soffio laterale che, insieme ad una frana, provocò il riversamento dell'acqua del lago Spirit su un vicino territorio montuoso. Il ritorno d'acqua portò con sé l'intera collina. L'agglomerato di materiale spostato raggiunse uno spessore di 100 m. Dietro a questo materiale, si accumulò acqua mescolata con cenere vulcanica, che formò un nuovo lago. Dopo alcune settimane, la pressione di questa acqua "lattiginosa" sulla massa terrosa di nuovo accumulo provocò un'apertura in quest'ultima ed uno svuotamento del lago. Il flusso di acqua torbida provocò più danni della stessa eruzione. Nel terreno fu scavato un canyon profondo 40 metri. Quando tutto si stabilizzò si scoprì che il nuovo accumulo di terra si era disposto in strati. Abbiamo strati orizzontali. Se non fosse per il fatto che sappiamo che l'accumulo ha richiesto circa 36 ore per formarsi, noi dateremmo gli strati come risalenti a milioni di anni fa.

Questa catastrofe spinse gli scienziati a studiare il meccanismo di formazione degli strati in laboratorio. Quando l'acqua trasporta una miscela di vari materiali, essa li differenzia nel corso del processo. Ciò può essere osservato dietro il vetro in appositi laboratori. Uno dei più grandi laboratori è nella Colorado State University ed è lì che sono state effettuate le più importanti scoperte nel campo. Per parlare più semplicemente, quando l'acqua trasporta qualcosa, perde prima gli elementi più pesanti, poi quelli medi e, infine, le particelle fini. Questo spargimento di materiale si verifica contemporaneamente, con l'unico risultato che ciò che è stato trasportato più lontano viene depositato più lontano e quindi è più profondo. Come risultato si ottiene nel delta la deposizione in strati dei materiali portati dai fiumi. Dopo un forte temporale alcuni depositi di sporco si raccoglieranno tra il marciapiede e la carreggiata. Una sezione verticale rivelerà una disposizione del materiale in strati. Questo è esattamente ciò che dimostra la nuova ricerca sedimentologica. Dall'esperienza pratica degli agricoltori sappiamo anche che è possibile separare le sementi dalla pula agitandole insieme. Qui sono coinvolti gli stessi principi fisici.

Andando avanti, è possibile osservare dietro il vetro come le varie particelle interagiscano in varie condizioni idrauliche e quando e in che sequenza si siano depositate. Ad esempio, quando il flusso si sposta in una direzione e poi in un'altra, si verifica una caratteristica ripetizione di alcune sequenze. Questo potrebbe essere attribuito al movimento periodico dell'acqua regolato dalla attrazione gravitazionale della luna (a bassa e alta marea). Trasferendo le conoscenze in questo campo, si può provare a suggerire in quali condizioni idrauliche si sia sviluppata la stratigrafia osservata. Ciò ha portato alla crescita di una nuova disciplina, la paleo-idraulica. E' possibile cercare di replicare in laboratorio le condizioni idrauliche che agiscono sulle miscele di materiali raccolti sul campo per ottenere sequenze stratigrafiche come in natura. Una ricerca molto interessante su questo tema è in corso a San Pietroburgo dall'Accademia russa delle Scienze. Lo scienziato leader in questo campo è Guy Berthault.

Naturalmente sia l'incidente del Monte Sant'Elena che le nuove ricerche stanno mettendo un grande punto interrogativo sulle datazioni delle colonne stratigrafiche.

Stratigrafia

Da dove proviene la datazione degli strati geologici ? Le date furono proposte nel 19° secolo, sulla base del tasso di deposizione osservato nei sedimenti di laghi e di altri bacini d'acqua. Questo è denominato modo uniformitario di deposizione di strati, come contrapposto alla modalità catastrofica dominante nel pensiero geologico prima di Darwin (Darwin è stato ispirato dai Principi di Geologia di Charless Lyell, 1830, che propose per la prima volta questo uniformitarianismo in geologia). Questi millimetri annuali di deposizioni, moltiplicati per la profondità degli strati sedimentari di varie formazioni geologiche, hanno indicato in milioni di anni l'età necessaria per la deposizione. Oggi agli studenti di geologia viene insegnato come datare gli strati in base ai fossili e come datare i fossili in base agli strati. Un ragionamento assolutamente circolare !

Se qualcuno pensa poi che queste stime del 19° secolo siano state confermate dalla datazione isotopica delle rocce commette un errore grossolano. Ciò viene fatto solo per le rocce ignee e non per quelle sedimentarie. L'ipotesi è che, nel momento in cui la lava si solidifica, si abbia la cristallizzazione di alcuni cristalli che contengono isotopi radioattivi che si decompongono con il tempo. Ci sono molti problemi con questa datazione perché spesso diversi cristalli presenti nello stesso magma solidificato hanno età isotopiche molto diverse. Tuttavia questo non è di alcuna importanza per la questione a portata di mano, poiché non riguarda le rocce sedimentarie. La ri-deposizione di materiali non influenza l'età delle particelle che li costituiscono. Non vi è alcun modo per datare le pietre o i grani di sabbia che formano i nuovi strati vicino al Monte Sant'Elena. L'età della loro cristallizzazione non ci dirà nulla circa il momento in cui essi si sono disposti in strati.

Ci sono anche altri problemi con la spiegazione uniformitaria della formazione di strati. Oggi gli animali morti non restano sul fondo dei laghi. Essi sono mangiati dagli organismi necrofagi e decomposti. Non sono lasciati resti fossili per le future scoperte paleontologiche. Le persone seppelliscono i loro morti, e per questo siamo in grado di trovare i Neanderthals. Gli animali finiscono fra i fossili solo in seguito a catastrofi, quando vengono sepolti come, per esempio, attorno al Monte Sant'Elena.

Un altro problema è rappresentato dai cosiddetti fossili polistrato. Troviamo alberi pietrificati eretti coperti da diversi strati geologici. Hanno atteso diversi milioni di anni per la loro sepoltura? E 'ovvio che sono stati sepolti nel corso di un singolo evento catastrofico. Alla luce delle nuove prove empiriche provenienti dalle sopra menzionate ricerche sedimentologiche sull'intera colonna stratigrafica, la datazione richiede un ripensamento totale. Non sarà facile per i geologi accettare una tale rivoluzione nel loro modo di pensare, ma essi la dovranno affrontare.

Catastrofi

In considerazione di quanto sopra, si ripropone l'argomento delle maggiori catastrofi. Per la formazione dei depositi esposti dal Grand Canyon, ovviamente, sarà stato necessario più tempo che per quelli del vulcano Sant'Elena (si calcola che ci sarebbero voluti diversi mesi, mentre per i 100 metri di depositi del vulcano Sant'Elena sono bastate 36 ore), e molta più acqua rispetto a quella dello Spirit Lake. Tutta la stratificazione nel Grand Canyon, datata in diverse centinaia di migliaia di anni, potrebbe essere spiegata con una grande catastrofe, con la partecipazione di enormi quantità di acqua.

Alcuni anni fa si è avuta la notizia che Bob Ballard, lo scopritore del Titanic, ha trovato tracce di insediamenti umani sotto il Mar Nero. Egli ha ritenuto che esse si siano formate a causa di una alluvione verificatasi 7500 anni fa. Szymczak Karol, un professore della Università di Varsavia, che ha condotto studi archeologici in Uzbekistan su simili strati ha ritenuto che la stessa inondazione abbia raggiunto anche la regione che egli stava studiando. Egli ha proposto una mappa per il Mar Nero, Mar Caspio, il lago d'Aral e anche l'Azerbaigian, la Turkmenia, il deserto Kuzyl Kum ed il sud della Russia. Si tratta di un enorme territorio, fiancheggiato da alte montagne a sud (l'Anatolia, il Caucaso, Elburz, Kopetdag, Pamir, Altai), ma aperto a nord su entrambi i lati degli Urali.

D'altro canto sappiamo che nella vasta area del nord, dal fiume Ob in Siberia fino all'Alaska, all'interno del permafrost, ci sono i copri congelati di molti animali, tra cui milioni di mammut. Essi sono stati riesumati per le loro zanne d'avorio ed un numero di almeno mezzo milione è già stato immesso sul mercato. La loro carne è commestibile, almeno per i cani. È stato accertato che la morte dei mammut avvenne per soffocamento. Nei loro canali alimentari sono state trovate piante di prato non digerite. Quale incidente potrebbe avere immesso questi grandi animali nel permafrost, a una velocità tale da impedire la digestione delle erbe consumate? In quale modo ? Ovviamente ci troviamo di fronte ad una eccezionale catastrofe avvenuta su aree enormi, e in un tempo non troppo lontano.

# # #

L'insegnamento della Chiesa cattolica

Io diffondo da anni tutto quanto è sopra. Cerco di non essere coinvolto nella disputa teologica o filosofica, perché non mi sento competente in questi campi. Purtroppo, però, sono costantemente criticato come un fondamentalista religioso per il mio modo di affrontare il tema dell'evoluzione. Sono accusato di fare riferimento alla Bibbia, al libro della Genesi, al creazionismo. Di me è stato detto che calcolo la capacità dell'Arca di Noè e simili tesi. Nulla è più lontano dalla verità. Io non ho mai fatto tali affermazioni. Non posso fare a meno del fatto che le prove empiriche di ricerca scientifica da me citate sopra sono più vicine alle descrizioni della Bibbia che alla tesi degli evoluzionisti; malgrado ciò, questa non è la mia conclusione, ma quella di chi mi sente parlare o leggere i miei testi sull'argomento. Spesso accade che, nel corso degli incontri pubblici, qualcuno in mezzo al pubblico tiri fuori il concetto biblico e mi faccia delle domande relative al creazionismo. Quando questo accade, io cerco di mostrare che gli evoluzionisti hanno una propria religione e che piegano i fatti per sostenerla e che, al tempo stesso, ignorano le prove che non sono compatibili con esso. Quella religione è l'ateismo. L'ascoltatore può forse interpretare che io difendo la versione biblica, tuttavia, io non derivo i fatti dalla Bibbia come spesso fanno i fondamentalisti protestanti (per loro solo la Bibbia - *sola Scriptura* - è degna di fiducia), ma sono i fatti a portarmi a conclusioni che non sono in contrasto con la Bibbia. Per me è più importante il Magistero della Chiesa cattolica che non mi chiede di accettare né di respingere la teoria dell'evoluzione. Mi incoraggia solo a cercare la verità, e non ha paura della verità.

Purtroppo, molti attacchi chiassosi mi vengono dai filosofi della natura cattolici, che hanno costruito le loro carriere scientifiche sul credo che l'evoluzione è un "fatto" e che hanno imparato nelle scuole secondarie e sui loro adattamenti della teologia o filosofia cattolica a questo "fatto". Una critica alla teoria dell'evoluzione colpisce i fondamenti delle sue asserzioni. Non ho alcuna intenzione né la pazienza di ascoltare le loro argomentazioni in merito alla compatibilità della teologia cattolica con la teoria dell'evoluzione, perché io rigetto quest'ultima. Di solito cerco di evitare i loro attacchi con una domanda: "Sappiamo che a Caino era permesso di uccidere e mangiare gli agnelli sacrificali, ma non gli era permesso di uccidere il fratello Abele. Gli è stato permesso di uccidere e mangiare la nonna? "

Sapendo che io tratto seriamente l'insegnamento della Chiesa cattolica, i miei critici mi ripetono *alla nausea* le parole di Papa Giovanni Paolo II: "la teoria dell'evoluzione è qualcosa di più di una ipotesi". Tuttavia, sono i miei critici che sostengono le loro asserzioni su documenti della Chiesa, non io. Mi dispiace dire che anche i vescovi usano questa citazione per criticarmi. Almeno i vescovi devono sapere quale è stato il messaggio principale della lettera di Giovanni Paolo II indirizzato alla Pontificia Accademia delle Scienze il 22 Ottobre 1996.

Il principale punto del monito papale è stato quello di richiamare l'insegnamento della Chiesa circa la creazione istantanea dell'anima umana e l'eccezionalità dell'uomo creato a immagine di Dio ". Il Papa ricorda - dopo Pio XII - che: "Se il corpo umano avesse la sua origine dalla pre-esistente materia vivente, l'anima spirituale sarebbe immediatamente creata da Dio". Questa è una citazione dall'enciclica *Humani generis* del 1950. Vale la pena di notare il condizionale usato in questa frase. Quindi non è cambiato nulla nell'insegnamento della Chiesa dal 1950. Giovanni Paolo II afferma anche che "**Di conseguenza, le teorie dell'evoluzione, che, in conformità con la filosofia loro ispiratrice, considerano la mente come emergente dalle forze della materia vivente, o come un semplice epifenomeno di questa materia, sono incompatibili con la verità circa l'uomo. Né sono in grado di abbassare la dignità della persona** ". Il testo riportato qui in grassetto qui (tratto dall'edizione inglese de L'Osservatore Romano no. 44, 30 Ott. 1996) è stato messo come sottotitolo in lingua italiana alla prima pubblicazione ufficiale in francese della lettera in italiano *L'Osservatore Romano* (24 ottobre 1996); in tal modo, essa rappresenta il suo messaggio più importante. Il Papa rifiuta l'idea che l'ominazione si sia avuta dalle caratteristiche materiali di un essere vivente. Tuttavia, i media non se ne accorsero. Essi continuano a ripetere che "la teoria è qualcosa di più di una ipotesi.". Naturalmente, da ogni dizionario conosciamo il significato di queste due parole. Simile fu il caso quando, nel suo discorso di Ratisbona, Papa Benedetto XVI ha criticato l'Occidente per eliminare la verità soprannaturale dal dibattito accademico. I media hanno notato solo le critiche su Maometto. Non si deve ripetere ciò che riportano i laici media, ma leggere i testi con la propria coscienza.

Nella critica mossa a coloro che dissentono dalla teoria dell'evoluzione, tra cui il clero cattolico, di solito si nota che nel dibattito si riconoscono solo due posizioni: gli atei evoluzionisti ed i creazionisti che interpretano la Bibbia alla lettera. Io sono sempre messo in seconda categoria. Il clero cattolico propone una via di mezzo: l'evoluzione guidata dal Creatore. Sembra che esista la cecità totale per quanto riguarda l'esistenza di dissidenti dall'evoluzione sotto il profilo strettamente scientifico. Si rifiuta di vedere un confronto all'interno di scienze empiriche e una affermazione che esiste solo in campo teologico e filosofico. Il punto cruciale di ogni teoria scientifica è che, al fine di essere accettata, essa deve essere confermata da esperimenti ripetibili o osservazioni. Senza questa ripetibilità essa resterà per sempre solo una teoria. Con prove ripetibili contro di essa, essa è da ritenersi morta.

Non ho alcun dubbio che la verità alla fine trionferà. Lo fa sempre.

Miglioramento genetico di persone

Richard Dawkins, il famoso professore di Oxford, ateo dichiarato e devoto difensore della teoria dell'evoluzione, si è di recente dichiarato a favore dell'eugenetica (www.lifesite.net/ldn/2006/nov/06112103.html).

In una lettera allo scozzese *Sunday Herald* (19. Nov. 2006) Dawkins ha scritto che non vuole essere d'accordo con il parere di Hitler, ma che, però, è il momento di respingere una tale posizione: "*[Se] è possibile migliorare geneticamente il bestiame per il latte, per il rendimento lavorativo, per la velocità nei cavalli da corsa, per l'abilità nei cani da pastore, perché sulla Terra dovrebbe essere impossibile migliorare geneticamente individui della razza umana per il possesso di capacità matematiche, musicali o atletiche?"..." Mi chiedo se, circa 60 anni dopo la morte di Hitler, si potrebbe avere almeno il coraggio di chiedersi quale sia la differenza morale tra il selezionare geneticamente un bambino per svilupparne le capacità musicali ed il costringere un bambino a prendere lezioni di musica. Oppure il motivo per cui è accettabile abituarli alle forti velocità ed agli alti ponti, ma non è accettabile migliorarli geneticamente.*"

Naturalmente per gli atei evoluzionisti l'Homo sapiens non è diverso da qualsiasi altro animale e con esso si può pertanto fare ciò che facciamo con gli animali. Tuttavia, la Chiesa cattolica insegna qualcosa di diverso. Giovanni XXIII nella sua enciclica "*Mater et Magistra*" scrisse: "*La trasmissione della vita umana è il risultato di un atto personale e consapevole, e, come tale, è soggetto alle sante, inviolabili ed immutabili leggi di Dio, che nessun uomo può ignorare o violare. Non gli è quindi consentito l'uso di determinate modalità e degli strumenti che sono ammissibili nella propagazione della vita animale e vegetale* ".

Recentemente abbiamo ricevuto l'informazione (da un settimanale polacco Wprost 28. Gen 2007) che i primi super-polacchi sono già nati. La notizia si riferiva al miglioramento genetico di embrioni nell'ambito della procedura di fecondazione in vitro, selezione non solo per la vitalità, che è stata praticata sin da quando la procedura è stata introdotta, ma anche per tratti ereditabili a seguito di una analisi del DNA. Naturalmente la procedura non comporta il miglioramento genetico di un essere umano ideale, ma è basata sulla soppressione di quegli esseri umani le cui caratteristiche non sono conformi allo standard ideale. Gli embrioni che non sono conformi ai requisiti fissati sono eliminati – giù dal lavandino -. In molti paesi, e purtroppo anche nel mio, è consentito interrompere le gestazioni di embrioni che hanno difetti. Questa è fondamentalmente la stessa procedura. Si tratta di una selezione negativa volta ad uccidere esseri umani, quelli che non sono conformi agli standard di accettabilità. Si tratta di una discriminazione nei confronti delle persone disabili[30].

Vivendo in comunità cristiane, spesso non ci rendiamo conto della misura in cui la civiltà della morte si basa sull'eugenetica. Qui c'è un altro esempio. Il prof. Peter Singer dall'Australia ha ricevuto la prestigiosa cattedra di bioetica presso l'Università di Princeton, Stati Uniti d'America. Singer è famoso per promuovere l'uccisione di ~~bambini, così come di anziani e~~ disabili, che sono un peso per le loro

30 - *Recentemente i media hanno riportato (Rzeczpospolita, 28 agosto 2007) che un aborto effettuato in Italia su una doppia gravidanza ha ucciso il feto sano al posto di quello affetto da sindrome di Down. Il medico abortista, Dr. Anna Maria Marconi, ha riferito che l'errore è stato causato dal fatto che i bambini avevano cambiato posizione fra il momento della diagnosi e l'aborto. Accusata di praticare eugenetica, lei ha risposto: "La legge lo permette"*

famiglie, per i servizi sanitari e per gli Stati. I loro organi sani, naturalmente, potrebbero essere utilizzati per i trapianti. D'altro canto, Singer è un difensore dei diritti degli animali e dell'ambiente. Numerose lezioni di Singer in Europa si sono tenute in concomitanza con le manifestazioni organizzate dalle associazioni per il diritto alla vita e dalle organizzazioni in tutela dei disabili. Egli insegna bioetica negli Stati Uniti (*Washington Times* 30. Giugno 1998).

E' apparso un nuovo diritto umano: il diritto di non esistere. Il Tribunale costituzionale in Germania ha accusato i medici responsabili della mancanza di indagine genetica. Esso ha stabilito che una persona ha diritto ad un risarcimento per essere stato fatto nascere con un difetto genetico. Una persona avrebbe la possibilità di non essere fatta nascere - come una persona priva di qualcosa che potrebbe essere uccisa nel grembo di sua madre. Questa è stata una questione sul diritto di non esistere di una persona. Dato che la persona è stata costretta ad esistere, lui o lei merita un risarcimento. Simili sono state altre sentenze comparse negli Stati Uniti: "*Il soggetto esiste e soffre a causa della negligenza degli altri*" (*Gazeta Wyborcza* 25. Apr 1998).

Questo non è un problema nuovo. Già nella antica Sparta bambini con difetti, così come i vari malati e disabili, erano buttati giù dalla rupe Taygete in un'ampia grotta, in modo da essere eliminati dalla società. Oggi, questa procedura è più fortemente associata nella nostra mente con Hitler in Germania e con la sua politica razziale del tentativo di stroncare lo squilibrato mentale. I tedeschi avevano un programma di eliminare la vita non degna di essere vissuta (lebensunwertes Leben), in particolare i malati di mente.

Hitler introdusse in Germania le leggi eugenetiche. Fu deciso che a chi non era di origine ariana, o a chi era sposato con una persona "non-ariana", non fosse consentito di lavorare come funzionario del governo. Se lui o lei si fossero associati con altre persone per un lavoro in società, tale occupazione avrebbe dovuto essere chiusa. Perché una persona fosse definita come "non-ariana" era sufficiente che avesse dei genitori, o uno dei nonni, straniero, in particolare ebraico. Vi è stata la promozione della razza ariana, incoraggiando le unioni tra persone più tipicamente ariane. Inoltre è stata effettuata una selezione positiva a favore delle caratteristiche più desiderate. I figli di persone soggiogate che erano nati con capelli biondi e occhi azzurri, che sono i tratti salienti degli ariani, furono separati dai loro genitori e destinati alla de-nazionalizzazione e ad essere educati come super-tedeschi. Tra gli altri si trattava di bambini nati ad Auschwitz. Stanisława Leszczyńska nella sua famosa "Relazione di un'ostetrica da Auschwitz" descrisse come tutti i bambini nati nel campo fossero stati uccisi per annegamento, ad eccezione di quelli che avevano caratteristiche ariane ed erano stati scelti per la de-nazionalizzazione.

L'eugenetica come scienza è apparsa in conseguenza dell'adozione della teoria dell'evoluzione di Darwin. Se il progresso evolutivo dipende dalla sopravvivenza del più adatto, allora dobbiamo assicurarci che a coloro che sono meno adattati venga impedito di partecipare alla riproduzione. Si tratta di un'applicazione pratica della teoria dell'evoluzione insieme con la sua definizione atea di uomo. Gli evoluzionisti di oggi preferirebbero dimenticare il legame tra il darwinismo e l'eugenetica. Io cercherò di richiamarlo.

Nel 1871 Darwin pubblicò un libro intitolato "L'origine dell'Uomo". Nel capitolo 5 egli scrisse:

"Nei selvaggi i deboli di corpo o di mente sono presto eliminati; e quelli che sopravvivono presentano comunemente una salute fiorente e robusta. D'altra parte noi, uomini civilizzati, cerchiamo ogni mezzo per ostacolare il processo di eliminazione; costruiamo ricoveri per gli idioti, gli storpi e i malati; facciamo leggi per i poveri; ed i nostri medici si scervellano per salvare la vita di ognuno fino all' ultimo momento. Vi è ragione di credere che il vaccino ha preservato migliaia di vite, che a causa di una debole costituzione sarebbero morte a causa del vaiolo. Così i membri deboli delle società civili si riproducono. Chiunque abbia avuto a che fare con il miglioramento genetico di animali domestici non metterà in dubbio che questo sia molto dannoso per la razza umana. È sorprendente come la mancanza di cure, o le cure indebitamente dirette, portino alla degenerazione di una razza domestica; ma, eccettuato il caso dello stesso uomo, forse nessuno può essere tanto stolto da selezionare i suoi animali peggiori ".

Ovviamente questa è una giustificazione scientifica all'eugenetica. Nello stesso libro un po' più avanti Darwin scrisse (nel capitolo 6):

"Fra qualche tempo, non molto lontano, è quasi certo che le razze umane civili stermineranno e si sostituiranno in tutto il mondo alle razze selvagge. Nello stesso tempo, anche le scimmie antropomorfe, come ha osservato il professor Schaaffhausen, (antropologiche Review, aprile 1867, p. 236), saranno senza dubbio sterminate. Allora la frattura sarà ancora più ampia, perchè sarà tra l'uomo più civile, il Caucasico, e qualche scimmia inferiore, come il babbuino, invece di quella che esiste ora fra un nero o un australiano ed il gorilla."

Ignorando il fatto che queste due citazioni sono contraddittorie (all'interno di un comune pensiero di Darwin), in quanto nella prima si suggerisce che il selvaggio sostituirà il civile, e che nella seconda è previsto il contrario, si ricorda non solo, ovviamente, il carattere razziale di quest'ultima citazione, ma anche la previsione di un inevitabile sterminio delle razze inferiori. Per l'inglese Darwin queste razze erano i negri e gli aborigeni. Per il tedesco Hitler le razze inferiori sono state in primo luogo gli ebrei ed i polacchi.

Questa non fu un'accidentale coincidenza fra il pensiero di Hitler e quello di Darwin. Il collegamento è avvenuto attraverso la comunità di scienziati impegnati in eugenetica. Eccone alcuni esempi.

Leonard Darwin (1850-1943), figlio di Charles Darwin, è stato il presidente della Società inglese di Istruzione Eugenetica, membro del comitato di redazione di *The Eugenical News* dal 1927 e presidente onorario della Federazione Internazionale delle Organizzazioni Eugenetiche. Negli anni Trenta del XX Secolo il Prof. Ernst Rudin da Monaco di Baviera è stato presidente della Federazione.

Leonard Darwin scrisse (*The Eugenics Review* vol. 31-32, 1939-1941) un articolo in memoria del dermatologo tedesco Dr. Friedrich Schallmeyer (1857-1919), un pioniere dell'eugenetica. Nel 1903 vinse un concorso organizzato e finanziato da Friedrich Krupp AG per la migliore risposta alla domanda: *"Was lernen wir aus den Prinzipien der Deszendenztheorie in Beziehung auf die innerpolitische Entwicklung und der Gesetzgebung Staaten?" ("Cosa ci insegna la teoria delle origini in relazione alle politiche interne di sviluppo ed alla legislazione dello Stato ? ").* E 'ovvio che Krupp aveva voluto impiegare la teoria dell'evoluzione per gli scopi dello Stato. Stiamo parlando di molto tempo prima di Hitler. Schallmeyer vinse il concorso su 60 candidati, con il suo libro "Vererbung und Auslese" (Eredità e scelta). Egli descrisse le conseguenze delle impercettibili selezioni costantemente operate dagli uomini nella scelta di un partner per la vita e postulò che lo Stato dovrebbe influenzare questo processo, in particolare attraverso la propaganda, in modo da influenzare il progresso razziale, sia in termini di qualità che di numeri. Lanciò un appello per l'"igiene razziale". Aveva anche messo in guardia sul fatto che un aiuto ostetrico, contribuendo ad un parto difficile, provoca un aumento di questo problema in generazioni successive. Leonard Darwin concluse il suo articolo con una dichiarazione che il suo ruolo non era quello di decidere chi avesse contribuito di più per lo sviluppo di eugenetica "*nella giusta direzione*" in Germania, se il dottor Alfred Schallmeyer o Ploetz. Va sottolineato che questo testo fu scritto nel 1939. Quali frutti abbia portato questa "giusta direzione", ora lo sappiamo.

Il suddetto Dott. Ploetz fu un dipendente del Kaiser Wilhelm Institut di Berlino, il presidente della Deutsche Gesellschaft für Rassenhygiene (Società tedesca per l'igiene razziale) ed il rappresentante di questa organizzazione nella Federazione internazionale delle organizzazioni Eugenetiche. Fu anche editore di Archiv für Rassen-und Gesellschaftsbiologie. La redazione di questa rivista includeva anche il sopra menzionato Prof. Ernst Rudin. Rudin fu anche l'editore (insieme con Heinrich Himmler), del mensile a colori Volk und Rasse.

Il dottor Josef Mengele, che condusse la ricerca genetica sui prigionieri nel campo di concentramento di Auschwitz, ricevette il denaro per questo scopo nel 1943 dalla Deutsche Forschungsgemeinschaft (Consiglio scientifico tedesco), attraverso il Prof. Otmar von Verschuer (1896-1969), direttore del Kaiser-Wilhelm -Institut für Anthropologie, menschliche Erblehre, e Eugenik (Istituto Kaiser Wilhelm di Antropologia, Eredità umana ed Eugenetica). Più tardi, nella sua relazione al consiglio scientifico Verschuer scrisse (Gerald Astor, "L'Ultimo nazista" 1989):

"Il mio co-ricercatore in questa ricerca è il mio assistente, l'antropologo e medico Mengele. Egli presta servizio nel campo medico di Hauptsturmführer e nel campo di concentramento di Auschwitz. Con il permesso del Reichsführer SS [Himmler], è in corso una ricerca antropologica sui vari gruppi razziali nel campo

di concentramento ed i campioni di sangue saranno inviati al mio laboratorio per le analisi ".

In accordo con i dati biografici raccolti in merito dal Prof. Otmar von Verschuer (http://en.wikipedia.org/wiki/Ottmar_von_Verschuer), Mengele lo rifornì nel 1944 di corpi di Zingari, scheletri di Ebrei, i campioni di sangue provenienti da gemelli identici infettati sperimentalmente con la febbre tifoide, gli occhi di persone che avevano differenze di colore tra l'occhio sinistro e l'occhio destro, ecc.

Il Prof. Otmar Freiherr (Barone) von Verschuer prima della guerra fu docente di patologia ereditaria a Berlino e nel 1951 ottenne la cattedra di genetica umana presso l'Università di Münster. Dopo la Seconda Guerra Mondiale il barone von Verschuer divenne uno scienziato rispettato. Secondo il Science Citation Index per l'anno 1945-69 egli è citato 350 volte nella letteratura scientifica, il che è molto. Così egli non è sparito dalla comunità scientifica, a dispetto delle sue connessioni naziste.

Ufficialmente, per un po' l'eugenetica divenne un tabù, ma non per molto. Nel 1960 fu fondato un nuovo giornale rivista scientifico chiamato La Mankind Quarterly, edito ad Edimburgo. Come sottotitolo aveva: *"Trimestrale internazionale ufficiale in tema di Razze ed Ereditarietà nei campi della Etnologia, della Genetica etnologica ed umana, dell'etno-psicologia, della razza, della storia, della demografia e dell'antropo-Geografia."* Sir Charles Galton Darwin (1887-1962), nipote di Carlo, fu un membro del comitato editoriale. Negli anni 1953-59 egli fu presidente della British Eugenics Society. Per ovvie ragioni non ci furono inizialmente tedeschi nel comitato di redazione, anche se la maggior parte dei paesi occidentali furono rappresentati. Tuttavia, ben presto Otmar von Verschuer aderì al comitato di redazione ed ora è tra i promotori della rivista. Nel 1979 la rivista fu spostata negli Stati Uniti, stabilendosi a Washington dove essa continua ad essere pubblicata. Vi si trattano tematiche come la necessità della segregazione razziale nelle scuole degli Stati Uniti, i legami tra la razza e livello intellettuale, e simili.

Potrebbe essere il caso di ricordare che Sir Charles Galton Darwin ricevette il suo secondo nome in memoria del precursore di eugenetica in Inghilterra, Sir Francis Galton (1822-1911), che aveva coniato il termine "eugenetica", inteso come evoluzione guidata dell'uomo, e lo aveva introdotto nella pratica scientifica. Egli aveva scritto il libro "*Genio ereditario*", pubblicato nel 1869. I suoi articoli sulla eugenetica erano apparsi anche in una raccolta intitolata "*Saggi di eugenetica*", pubblicata nel 1909. Fu lui che dalla sua donazione testamentaria istituì la sede della cattedra di eugenetica alla London University. Nel 1909 istituì e presiedette la Società di Istruzione Eugenetica. Nel 1926 essa venne trasformata nella Eugenics Society e nel 1989 in Istituto Galton. Oggi questo Istituto è famoso per la sua propaganda della contraccezione e per l'organizzazione delle "Conferenze di Darwin". Galton era un cugino di Charles Darwin.

Queste informazioni dovrebbero essere sufficienti a dimostrare il legame tra il darwinismo e l'eugenetica.

Un grande promotore dell'eugenetica e del darwinismo fu l'agnostico, socialista e liberale filosofo Bertrand Russell. Nel 1929 scrisse nel suo libro "Matrimonio e morali":

"Le idee di eugenetica si basano sul presupposto che gli uomini sono disuguali, mentre la democrazia si basa sul presupposto che essi sono uguali. E', pertanto, politicamente molto difficile da portare le nostre idee eugenetiche in una comunità democratica in cui le idee non prendono la forma di suggerire che vi è una minoranza di persone ***inferiori****, come gli imbecilli, ma quella di ammettere che vi è una minoranza di persone* ***superiori****. La prima cosa è piacevole per la maggior parte, l'ultima sgradevole. Misure che riguardino la prima questione possono quindi conquistare il sostegno della maggioranza, mentre misure riguardanti la seconda non possono conquistarlo".*

Da ciò le proposte di uccidere gli ammalati di mente (Hitler in Germania), o di interrompere le gravidanze di bambini disabili (oggi in molti paesi europei, purtroppo, anche in Polonia), trovano un sostegno politico. Tuttavia, la selezione dei geni (ad esempio, della superiore razza ariana) generalmente non lo trova.

La proposta presentata oggi dal Prof. Richard Dawkins non riguarda nient'altro che la selezione genetica degli individui provvisti di un'intelligenza superiore. Dal momento che è possibile aumentare i tratti desiderati dei bovini, perché non dovrebbe essere possibile aumentare in questo modo le capacità musicali di uomo? O forse migliorare le caratteristiche fisiche utili per lo sport o la modellazione o altrove? Se l'uomo non è altro che un animale altamente evoluto, che cosa ci impedisce di attuare tale programma di miglioramento genetico ? Apparentemente nulla.

Oggi, con l'aiuto di Internet www.ronsangels.com/index2.html è possibile acquistare ovociti umani o sperma dai modelli dalla moda. L'agente commerciale è Ron Harris, fornitore di foto per la rivista Playboy. La vendita è basata su un'asta: << *Questa è la "Selezione naturale" di Darwin al suo meglio. Il miglior offerente ottiene gioventù, bellezza e promozioni sociali. "Selezione naturale" è la scelta dei geni che sono sani e belli* >> scrive Ron Harris nella introduzione al suo sito web. Gli annunci di singoli elementi comprendono fotografie dei donatori, le informazioni circa la loro età, l'origine, l'età della vita delle loro nonne, ecc. Harris prende solo il 20% del valore dell'offerta. Il resto va al donatore. Il costo della fecondazione in vitro, dell'impianto, della consegna, ecc deve essere coperto da parte del compratore. Si tratta di una regolare proposta d'affari.

Darwin può essere usato in vari modi

Karl Marx introdusse la teoria dell'evoluzione nelle relazioni sociali. In una lettera a Ferdinando Lassale del 16. Gen 1861 egli scrisse: *"Il lavoro di Darwin è di grande importanza ed è quanto di più adatto a me come base naturale per la storica lotta di classe"* (K. Marx e F. Engels "Listy Wybrane", Książka i Wiedza 1951, p. 159, punto 52). Con questo tipo di sostegno, non sorprende che il darwinismo regni oggi. Durante il periodo comunista la teoria dell'evoluzione è stata promossa in tutte le scuole, non solo perché ha fornito un'alternativa atea alla tradizionale spiegazione delle origini cristiane, ma anche perché ha illustrato la necessità dell'eliminazione degli indesiderabili. Il Darwinismo è stato collegato con il Michurinismo, la teoria secondo la quale i tratti ereditati possono essere acquisiti. Si sperava che la formazione potesse essere ereditaria. La gente era sottoposta al lavaggio del cervello e quelle persone resistenti al lavaggio del cervello furono eliminate in nome del darwinismo sociale.

In nome della sopravvivenza del più forte il mondo è diventato sempre più disumano.

Naturalmente, i genocidi del 20° secolo hanno più a che fare con il desiderio di governare su altre persone contro la loro volontà che con l'eugenetica o con la lotta di classe, ma resta il dato di fatto che il darwinismo è stato utilizzato per giustificare molte delle atrocità che hanno accompagnato i tentativi tedeschi e russi di dominare i popoli non tedeschi e non russi. Anche nella rivoluzione industriale i proprietari delle fabbriche giustificarono la loro ricerca di guadagni finanziari con l'idea che la concorrenza senza regola fosse il meccanismo del progresso.

Come ha giustamente rilevato Philip Trower ("The Church and the Counter-Faith", Family Publications, Oxford, 2006) ci sono quattro diversi concetti, che funzionano come la teoria dell'evoluzione, che tendono a fondersi in un'unica filosofia nelle menti degli occidentali degli inizi del 21° secolo. Per l'igiene mentale, è necessario mantenere queste idee distinte. Seguirò Trower nella mia presentazione di essi.

Il primo è l'idea che tutte le forme di vita sono scese da una singola forma di vita. Non è stato Darwin ad inventare questa idea. Essa esisteva nelle menti dei naturalisti del 18° e dell'inizio del 19° Secolo come Georges-Louis Leclerc, Carl Linnaeus e Georges Cuvier, che non erano interessati a come una forma si trasformasse in un'altra (trasformismo era il termine utilizzato in quel periodo per evoluzione), ma a come classificare il mondo vivente in specie, generi, ordini, famiglie, ecc a seconda dei rapporti tra di essi. Essi ovviamente notarono la mancanza di forme intermedie, sia fra le forme viventi che fra i resti fossili. Senza queste lacune nella continuità del mondo vivente non sarebbe stato possibile proporre criteri per la definizione dei taxa. Darwin lo sapeva. Ha scritto (L'origine della specie, il capitolo 13): "*L'estinzione ha soltanto separato i gruppi, ma non li ha affatto creati: infatti, se ciascuna forma vissuta sulla terra dovesse ricomparire improvvisamente, anche se in questo caso sarebbe assolutamente impossibile indicare il modo per distinguere ogni gruppo dagli altri gruppi, perché tutti i gruppi sarebbero mescolati insieme ...*".

Il secondo significato di evoluzione è l'idea che la selezione naturale, o la sopravvivenza del più forte, è il meccanismo che ha consentito la trasformazione di una forma in un'altra. E' questa infatti la scoperta di Darwin, e soprattutto, è fondamentalmente vera a livello di formazione di una popolazione all'interno di una razza che è compatibile dal punto di vista riproduttivo (di solito, anche se non sempre ciò è sinonimo di specie). Solo questa idea merita di essere denominata darwinismo. La selezione naturale era naturalmente conosciuta prima di Darwin, perché la gente sapeva che forme inferiori muoiono più facilmente di quelli sani. Tuttavia, è stato Darwin che ha proposto che questo processo potesse portare allo sviluppo di nuove forme. Il miglioramento genetico artificiale basato sulla selezione e sull'isolamento è noto fin dall'antichità (vite, cavalli, ecc.). Tuttavia, è l'estensione del meccanismo della formazione delle razze alla formazione di nuove specie e taxa superiori (indicato in altri termini come l'estrapolazione della macroevoluzione dalla microevoluzione) che è al centro della controversia sulla evoluzione. Darwin si aspettava che le piccole variazioni, generazione dopo generazione, per milioni di anni, avrebbero portato alla formazione di nuovi organi o funzioni. Ma qual è il valore di ciò che è un organo in via di sviluppo fino a quando non è idoneo per l'uso? I Darwinisti ancora combattono con questo problema, soprattutto perché molti degli organi (ad esempio, l'occhio) hanno un livello di complessità irriducibile che non può essere raggiunto da un solo passo nella trasformazione.

Il punto chiave circa l'evoluzione in questo secondo senso è che si propone la trasformazione, senza prospettiva, la selezione naturale è un processo che funziona accidentalmente, in nessuna particolare direzione.

La terza accezione di evoluzione è che si tratta di un processo in corso. Se così fosse ci si aspetterebbe di vedere le forme intermedie, non solo nei resti fossili, ma anche in una moltitudine di forme intorno a noi in tutte le varie fasi di sviluppo degli organismi parzialmente sviluppati. La maggior parte, ovviamente, di tutto ciò che si vede consiste in forme perfettamente funzionali e ben adattate, o in individui adattatati malati che vengono rapidamente eliminati dalla selezione naturale. In nessun momento si trovano gli organi o le funzioni in procinto di essere perfezionati. Gli evoluzionisti preferiscono dimenticare questa difficoltà. Invece il concetto di evoluzione in corso è stato impiegato per le relazioni tra gli esseri umani, con l'attesa di progressi nel corso del tempo. E' qui che tutte le atrocità che accompagnano l'eugenetica, la lotta di classe ed il darwinismo sociale trovano la loro fonte.

Va infine sottolineato che la teoria dell'evoluzione è anche estrapolata al mondo inanimato, a tutto l'universo. Si dice che tutto sia in continua evoluzione in qualcosa di diverso e migliore, dal caos assoluto del Big Bang a qualche cosmico idillio del futuro. Ovviamente gli atomi e le galassie non sono in concorrenza per la sopravvivenza e non sono soggetti ad un processo di selezione naturale. Perché quindi utilizzare lo stesso termine, evoluzione, per il loro sviluppo? La legge e l'ordine che vediamo nel micro- e macro-cosmo, le immutabili leggi fisiche e chimiche che guidano l'universo, richiedono una spiegazione. Dal momento che si dice che la complessità della biosfera è stata spiegata dall'evoluzione, perché non usare lo stesso concetto nel mondo inanimato?

Eppure, i fatti effettivamente osservabili puntano esattamente nella direzione opposta. La diversità genetica ed il numero di specie sono in declino. Il sole e le stelle si consumano. L'energia dell'universo si sta dissipando. La seconda legge della termodinamica è inarrestabile. L'entropia regna.

Il ruolo dell'informazione in biologia

(Il presente documento è di carattere più tecnico)

La vita è più che semplicemente chimica e fisica. Essa comprende anche informazioni. L'informazione è una parte della realtà biologica. Siamo in grado di studiarla dal punto di vista della biochimica molecolare, ma anche in termini di rapporti matematici, di logica e di trasformazione.

Confronto con il computer

Vi è una certa analogia con il computer. Un computer ha una forma, delle dimensioni, una composizione chimica, dei parametri fisici, ecc. a tutto attribuiamo il nome di *hardware*. Ma c'è anche il *software*, attualmente molto più costoso dell'hardware. Abbiamo i programmi, i database, i file, i fogli di calcolo ecc. Senza il software, un computer è un cumulo di spazzatura. Con il software installato non cambia la sua forma, il suo peso, la sua chimica, i suoi parametri fisici, ma diventa funzionale.

Lavorando con i computer abbiamo imparato alcuni fatti circa il ruolo che l'informazione svolge con quasi tutto.

Sappiamo che un programma si può danneggiare a causa di difetti nei dischi sui quali esso è memorizzato. Sappiamo che siamo in grado di danneggiare un programma per errore. Sappiamo che esso non si correggerà mai da solo. In seguito ad un incidente esso non diventerà migliore o più utile. Dopo una modifica accidentale un programma non aumenterà il numero delle sue funzioni. Sappiamo anche che un errore può proteggere una parola o un file dall'essere cancellati quando se ne dispone la cancellazione.

Un programma del computer ha un piano, uno scopo, una direzione impostati per esso dal programmatore. Vi è un ingresso intelligente.

Allevamento

Un allevatore, come un programmatore di computer, ha un piano, uno scopo, una direzione per il miglioramento. Tuttavia, un allevatore non crea nuove informazioni. Egli sceglie solo tra le informazioni disponibili in natura e si sforza di raggiungere una certa combinazione tra di esse in modo da dirigere il programma di selezione verso il miglioramento desiderato.

I processi riproduttivi naturali salvaguardano la biodiversità attraverso la ricombinazione. La selezione naturale agisce su forme esistenti. Essa riduce il numero ed elimina genotipi che non sono adatti a determinate condizioni ambientali. Essa non crea nulla di nuovo. Gli allevatori sostituiscono la selezione naturale con la propria, favorendo quanto soddisfa i bisogni umani.

Fisici

Nella fisica del micro- e macro-cosmo ci sono dubbi circa il modello probabilistico di spiegare la realtà. Vi è una scuola di pensiero che è favorevole ad un modello di informazioni[31]. Essi parlano dell' "*Unitary Information Field Approach*" (UIFA) nell'ipotesi che da qualche parte ci siano le informazioni che si stanno realizzando nel funzionamento del cosmo. Essi invidiano i biologi che hanno trovato il loro campo di informazioni, nel codice genetico. Va sottolineato che sappiamo dove si trovano queste informazioni solo dalla metà del 20° secolo, quando la teoria dell'evoluzione fu proposta, e durante il

[31] - R. *Horodecki 1989 Unitary information-field approach to the description of reality.* ***Problems in Quantum Physics****, Gdańsk; 346-357.*

periodo in cui il suo ruolo di predominio nel pensiero biologico si è sviluppato al massimo, non avevamo alcuna idea che esistesse l'informazione per la realizzazione di sistemi biologici e che fosse specificamente ubicata in un punto ben determinato all'interno della cellula vivente.

Il destino delle informazioni

Vediamo ora ciò che accade alle informazioni accumulate nel codice genetico durante il funzionamento dei sistemi biologici, o quando l'uomo manipola tali sistemi. Nella tabella 1 sono elencate alcune di queste funzioni biologiche ed attività umane, distinte fra quelle che riducono le informazioni, quelle che mescolano le informazioni e quelle che aumentano le informazioni.

Riduzione delle informazioni

L'isolamento di una popolazione biologica porterà a una riduzione dell'informazione genetica. Spesso, dopo cambiamenti ambientali rilevanti, rimangono piccoli rifugi in cui sopravvive un numero limitato di individui di una determinata specie ed in cui di conseguenza sopravvive una popolazione povera nelle sue risorse genetiche. La riproduzione fra individui legati da rapporti di parentela diretti è la conseguenza dell'isolamento di una popolazione. La riproduzione sessuale si verifica tra i parenti e, nei casi estremi, si assiste all'autogamia. Questo porta sempre alla perdita accidentale di alcune informazioni. Questa perdita di alcuni geni è denominata *deriva genetica*. (Ciò può essere paragonato alla accidentale riduzione del numero dei cognomi in un piccolo gruppo di coloni che sono lasciati senza nuovi arrivi per diverse generazioni. Si sa che tale fenomeno si è verificato in diverse isole dei Caraibi durante il 18° e 19° secolo). Una volta perso, un gene è perso per sempre. Non ricostituisce sé stesso. Esso può riapparire solo qualora venga reintrodotto.

Tabella 1. Destino delle informazioni nei sistemi viventi.

INFORMAZIONI

Ridotte	**Aumentate**	**Mescolate**
Isolamento		Panmissia
Inbreeding, autoimpollinazione		Ibridazione, introgressione
		Ingegneria genetica, OGM
Deriva genetica		Meiosi, crossing-over
Selezione dei recessivi		Eterozigoticità a protezione
Adattamento		Migrazione
Addomesticamento genetiche		Protezione delle risorse
Miglioramento		Cura della biodiversità
Allevamento		Aumento dell'eterozigoticità
Formazione delle razze mongrelizzazione		Rinselvatichimento,
Mutazioni deleterie	Mutazioni favorevoli	

La selezione agisce molto più velocemente. Forme che non sono adatte ad un dato ambiente scompariranno insieme ai loro geni responsabili della mancanza di adattamento. Di conseguenza, si sviluppa una popolazione che è adattata alle condizioni specifiche del luogo, adattata nel senso che è priva di genotipi che non sono in grado di vivere in questo ambiente. Il *pool* genico è ridotto rispetto a quello dal quale è derivato. Si può osservare la vegetazione che vive nelle zone di accumulo degli scarichi industriali. Molti semi vi giungono, ma solo pochi sopravvivono. La popolazione che si sviluppa può essere adattata a quell'area, ad esempio con elevate quantità di metalli pesanti, ma è geneticamente molto più povera della popolazione di semi che è giunta nell'area.

Sulla base di questo meccanismo di adattamento, gli allevatori hanno fatto molto lavoro per addomesticare piante ed animali. Le piante e gli animali addomesticati sono geneticamente più poveri degli organismi selvatici dai quali sono stati ottenuti. Quando parliamo di miglioramento genetico parliamo di "miglioramento" dal punto di vista umano. Viene aumentata la resa di zucchero dalle barbabietole da zucchero o la resa di una vacca da latte. Ma questo è sempre a scapito di alcune altre funzioni che determinano varietà "migliorate" sempre meno in grado di vivere in condizioni naturali e sempre più dipendenti dall'uomo. Più sono migliorate, più le varietà dipendono dall'uomo, e più sono povere in diversità genetica.

L'incrocio, così come l'adattamento naturale, porta alla formazione delle razze. Le razze sono geneticamente più povere della popolazione da cui sono state ottenute. Tutte le razze di cani possono essere selezionate da lupi selvatici, ma non è possibile incrociare un San Bernardo da un Terrier.

E' ben noto che le mutazioni possono distruggere i geni. Dal momento che siamo sottoposti costantemente al bombardamento di agenti mutageni (radiazioni, prodotti chimici), il numero dei geni danneggiati e quindi difettosi aumenta in ogni popolazione. Si parla di un aumento del *carico genetico*. Quando tali geni si incontrano in un omozigote il difetto si evidenzia e la selezione naturale elimina il genotipo con il difetto.

Rimescolamento di informazioni

La genetica delle popolazioni riconosce che la ricombinazione genetica è in natura la fonte primaria di variazione. E' universalmente accettato che la *panmissia* si verifica in natura. La panmissia è l'incontro casuale dei gameti nel processo di riproduzione sessuale. Ogni gamete (grani di polline, sperma, ovulo, cellula uovo) ha una propria identità genetica e quindi quando due gameti si combinano compare una nuova entità.

In casi estremi abbiamo l' *ibridazione*, l'incontro di gameti di specie diverse. Quando l'ibrido è vitale e fecondo con una delle specie parentali genitori si ha l'*introgressione*, ossia l'inserimento di geni di una specie nella popolazione di un altro.

L'*ingegneria genetica* è il trasferimento di geni da una popolazione ad un'altra con un metodo di riproduzione diverso dalla riproduzione sessuata. Un parassita può introdurre i suoi geni nel genoma dell'ospite per utilizzarne il metabolismo a proprio vantaggio. Un insetto (una tentredine) può far sì che una foglia di salice produca una galla che è inutile al salice, ma che è un rifugio per l'insetto. La genetica del salice è stata modificata. Il suo potenziale metabolico è stato modificato secondo l'informazione genetica di una entità estranea. Noi facciamo lo stesso con l'ingegneria genetica. Trasferiamo geni da un pesce ad un pomodoro. Produciamo organismi modificati denominati transgenici (OGM). Mescoliamo fra loro geni di organismi che non si ibridano in natura.

Nella riproduzione sessuata si osserva un meccanismo per il mescolamento dell'informazione genetica al momento della divisione. Durante la *meiosi* le informazioni ereditate dal padre e dalla madre sono rimescolate. Nel corso del pachitene si verifica il *crossing-over* di parti di cromosomi. Nel corso dell'anafase i cromosomi omologhi si separano e, insieme alle parti scambiate durante il crossing-over, migrano verso i poli opposti. Durante il processo i cromosomi (o le loro parti) provenienti dal padre e dalla madre si mescolano in modo che ogni gamete aploide risultante è geneticamente differente.

Se uno dei gameti aploidi contiene un gene che è inadatto ad un particolare ambiente o è in qualche modo difettoso, questo sarà fonte di difficoltà per il gametofito, con conseguente impoverimento o morte. In questo modo i geni difettosi o poco adatti si perdono se compromettono la qualità del gametofito. Comunque, dopo la fecondazione, in uno zigote diploide e nel risultante sporofito, i geni poco adatti o difettosi possono sopravvivere, grazie alla presenza di un omologo funzionale nel corredo cromosomico del partner. Si parla di dominanza di alcuni geni su altri recessivi. Il risultato diretto è l'*eterozigoticità* o biodiversità genetica della popolazione. Questo è un meccanismo naturale per la protezione dei geni inutili in un determinato ambiente, ma potenzialmente utili in un altro in cui potrebbe accadere di vivere ad alcuni discendenti. Purtroppo questo è anche un meccanismo che protegge i geni difettosi, il *carico genetico*, come viene chiamato.

Il mescolamento dei geni si verifica anche con le migrazioni di animali e vegetali. Ogni specie rilascia costantemente i suoi discendenti in alcuni luoghi che sono al di fuori del suo attuale range di sopravvivenza. Spesso anche l'uomo trasferisce delle popolazioni naturali al di là degli ambienti in cui esse sopravvivono. Se si trova la possibilità di incrociarsi con le popolazioni locali, i nuovi arrivati, introdotti naturalmente o artificialmente, diventano una fonte di aumento della biodiversità genetica. Quando nuovi territori vengono colonizzati da una specie, si verifica a volte l'incontro di separate ondate di colonizzazione provenienti da diverse località rifugio e tra di essi si verifica una ricombinazione, il che provoca un arricchimento della diversità genetica della popolazione.

Constatando che le risorse genetiche del nostro pianeta sono in declino, l'uomo ha compiuto degli sforzi per la loro tutela. Noi parliamo spesso oggi di protezione o anche di promozione della biodiversità. Va sottolineato che la selezione e la protezione del *pool genico* hanno effetti opposti sull'informazione genetica. Comunque, nel lavoro di incrocio è possibile aumentare volutamente l'eterozigoticità per assicurare una maggiore stabilità della popolazione migliorata. Le linee pure altamente selezionate sono particolarmente ibridate per raggiungere l'eterozigoticità. La popolazione scelta per la riproduzione è spesso tenuta deliberatamente separata dalle altre per contrastare la perdita di geni che si accompagna alla selezione.

Animali e piante altamente selezionati geneticamente hanno una grande necessità di essere protetti da parte dell'uomo. Di solito hanno bisogno di particolari condizioni ambientali che solo l'uomo è in grado di fornire (concimi, foraggi, antibiotici, antiparassitari, erbicidi, ecc.). Ma non è tutto. Essi necessitano di protezione umana finalizzata a contrastarne il rinselvatichimento. Tali organismi devono essere tenuti isolati. Una volta che l'isolamento è interrotto si verificano incroci; le varietà selezionate si rinselvatichiscono.

Aumento delle informazioni

C'è un solo meccanismo al quale viene attribuito l'aumento dell'informazione genetica. È la mutagenesi. Si presume che di tanto in tanto si verifica una mutazione positiva, nel senso che essa introduce alcune nuove funzionalità o un nuovo organo che aumenta il potenziale di sopravvivenza individuale e della popolazione cui esso appartiene. Una mutazione positiva è l'unica possibile fonte di nuove informazioni. L'intera teoria dell'evoluzione dipende dall'esistenza di mutazioni positive. Ma abbiamo degli esempi di tali mutazioni ?

Evoluzione darwiniana

Darwin osservò la variazione all'interno di una specie (i becchi dei fringuelli); egli osservò l'adattamento ai diversi ambienti e la diversificazione delle popolazioni isolate (oggi designata deriva genetica). Ciò che egli osservò fu la conseguenza della ricombinazione e della riduzione delle informazioni genetiche. Eppure la sua conclusione fu *evoluzione*, un processo naturale che produce crescita di informazione.

La sua conclusione fu sbagliata! L'adeguamento, spesso denominato microevoluzione, non è un esempio di un piccolo passo nella macroevoluzione. Si tratta di un processo nella direzione opposta!

Sui libri di testo scolastici di tutta l'Europa si trova l'esempio della falena melanica *Biston betularia* che si posa sulla corteccia degli alberi di betulla. Se ne è osservato il cambiamento di colore in nero, quando nelle zone industriali la corteccia di betulle è stata coperta dalla fuliggine. Quando l'attività industriale è stata resa più "pulita", la farfalla melanica è ritornata al suo colore grigio biancastro. Questo è un esempio di adattamento, un adattamento reversibile, in quanto c'è stato un incrocio con le popolazioni selvatiche di *Biston* che vivevano lontano dall'area inquinata. La selezione naturale, effettuata dagli uccelli che si alimentano di falene, lascia solo quelli che sono meno appariscenti quando si posano sulla corteccia di betulla. I geni per il colore scuro sono presenti nella popolazione selvatica e sono dominanti quando le condizioni ambientali lo richiedono. La varietà dal colore scuro non ha alcuna nuova informazione genetica. Ha solo una porzione delle informazioni presenti nel *pool* genico selvatico. Infatti mutano soltanto le proporzioni fra farfalle nere e grigie. Queste sono differenze nei numeri, non nel taxon.

Un altro esempio spesso citato nei libri di testo è la capacità delle erbe di adattarsi agli scarichi industriali. Uno scarico recente di solito è sterile a causa del contenuto in metalli pesanti, dannosi per le piante. Tuttavia, dopo un po' di tempo, lo scarico si sovrappopola. Le piante si adattano al terreno inospitale. Si pretende che ciò rappresenti un processo evolutivo in corso. In realtà sappiamo da oltre 50 anni che tale adattamento non è un miglioramento del valore evolutivo. Ad esempio, un'erba, la *Festuca ovina L.*, - che ha colonizzato uno scarico ricco di piombo – ha sviluppato la tolleranza nei riguardi di questo metallo come una caratteristica dominante. Una volta all'estenro dello scarico, si verifica una selezione molto forte contro questa tolleranza. Pertanto, in condizioni normali, questo adattamento è immediatamente perso a causa della selezione naturale - un difficile argomento per l'evoluzione[32].

Va sottolineato che la formazione di razze non è un esempio di un piccolo passo in evoluzione.

Lezioni dal miglioramento genetico artificiale.

Il lavoro di miglioramento genetico ci ha rivelato molte cose importanti.

[32] - *Wilkins D.A. 1960 The measurement and genetical analysis of lead tolerance in Festuca ovina* ***Scottish Plant Breeding Station Report***; *85-98. Wilkins D.A. 1957 A technique for the measurement of lead tolerance in plants* ***Nature*** *180; 37-38.*

Prima di tutto, ora sappiamo che c'è un limite alla possibilità di selezione genetica in una determinata direzione. Il contenuto informativo di un pool genico è finito. Nel miglioramento genetico possiamo utilizzare ciò che è disponibile e nient'altro.

Secondo: sappiamo che le nostre varietà migliorate necessitano dell'isolamento per mantenere il loro miglioramento. Senza l'isolamento esse diventeranno selvatiche, incrociandosi con le varietà selvatiche e, di conseguenza, perderanno la loro identità.

Terzo: noi sappiamo che varietà altamente selezionate e migliorate sono biologicamente più deboli delle varietà selvatiche.

Abbiamo imparato a nostre spese che le varietà selvatiche sono assolutamente necessarie per il lavoro di miglioramento genetico. Dobbiamo avere un ricco pool di geni di piante selvatiche per essere in grado di selezionarli e di integrare con essi ciò di cui abbiamo bisogno nelle nostre varietà allevate, come indicano le nuove esigenze nei programmi di miglioramento genetico.

In sintesi, dobbiamo imparare a gestire le risorse genetiche delle informazioni a nostra disposizione in natura, perché esse sono finite e possono andare irrimediabilmente perdute.

Mutazioni

Ora è necessaria una parola circa le mutazioni, l'unica fonte potenziale di nuove informazioni genetiche. Abbiamo studiato le mutazioni per oltre 70 anni e possiamo trarne alcune conclusioni definitive.

Prima di tutto, si osserva un generale calo di interesse nei confronti della mutagenesi come metodo di miglioramento. La maggior parte dei laboratori di tutto il mondo stanno chiudendo i loro programmi sulla mutagenesi. Alcune varietà utili sono state ottenute attraverso la mutagenesi, ma sono poche, e sono utili solo dal punto di vista umano. Con alcune forme nane sono stati ottenuti utili risultati come portainnesti per innesti o per giardini rocciosi. Con alcune piante molto sensibili sono stati ottenuti buoni risultati per il monitoraggio dell'inquinamento. E' stata prodotta una varietà di arance senza semi. Ci sono molte varietà di fiori ornamentali che sono stati privati di alcuni pigmenti naturali con la mutagenesi. In ogni caso, tuttavia, l'impianto ottenuto è biologicamente più povero ed in genere più debole rispetto al suo progenitore non mutato. E' privo di qualcosa che in condizioni naturali è utile.

Conosciamo molte mutazioni che sono deleterie. Abbiamo paura di esse. Noi cerchiamo di proteggere noi stessi ed il pool genico selvatico da vari agenti mutageni. Noi evitiamo gli esperimenti nucleari, l'eccesso di raggi X, l'amianto, ecc. Se un ambiente favorisce mutazioni positive, esse sono spazzate via da una moltitudine di mutazioni distruttive, negative.

Conosciamo l'esistenza di mutazioni che sono biologicamente neutre. Esse sono cambiamenti, nella parte non codificante del genoma o nel codice genetico, che non pregiudicano la funzionalità del codice proteico. Ci riferiamo a queste varianti come alleli. Mentre copiamo un testo possiamo commettere errori. Se tali errori non alterano il significato del testo, si può fare riferimento ad essi come neutri. Fino a che il significato è conservato le modifiche sono tollerate, ma di solito sono anche considerate un fastidio. Anche nel genoma, quando il cambiamento delle informazioni è neutro esso è tollerato, ma se si riduce anche di poco la funzionalità di codifica per la proteina, la selezione interverrà contro di essa. Tuttavia, quando il significato è cambiato, quando la funzionalità è significativamente alterata, si può parlare di un cambiamento, negativo o positivo.
Le mutazioni positive sono più un postulato che una osservazione. Di solito le razze di organismi resistenti a sostanze chimiche di origine antropica (erbicidi, fungicidi, pesticidi, antibiotici, ecc) che si sono sviluppate solo dopo la commercializzazione del prodotto sono citate come esempi di mutazioni positive. Quando si ha a che fare con questi argomenti è necessario, prima, rendersi conto che le nuove forme non sono nuove specie. Essi sono di solito interfertili con la popolazione, e di solito scompaiono quando l'uso della sostanza chimica è stata interrotta. Pertanto risultano simili all'adattamento reversibile di *Biston betularia*. E' abbastanza possibile che l'adeguamento sia stato realizzato allo stesso modo, da ricombinazione. Ci sono pochissimi esempi in cui un cambiamento documentato nel genoma è responsabile della nuova resistenza all'agente chimico.

Con gli esempi noti si può dimostrare che il cambiamento comporta un calo della difesa delle funzionalità naturali. Non si tratta della creazione di qualcosa di nuovo, ma della protezione di qualcosa di già esistente. Qui c'è un esempio analizzato in dettaglio.

L' "evoluzione" della resistenza all' Atrazina

L' *Amaranthus hybridus L.* (amaranto) è un'erbaccia che si è adattata al diserbante Atrazina[33]. L'atrazina è stata sviluppata specificamente per combattere questa erbaccia. Agisce collegandosi ad una proteina (QB) codificata dal gene psbA importante nel processo fotosintetico. Il complesso proteina-Atrazina impedisce la fotosintesi. Nella varietà resistente al settore della proteina al quale si lega l'Atrazina, si verifica il cambiamento di un aminoacido, da serina a glicina. Questo cambia l'affinità in maniera sufficiente ad indurre la resistenza all'Atrazina. Nel genoma la serina è codificata dalla tripletta AGT (adenina, guanina, timina), mentre la glicina è codificata da GGT (guanina, guanina, timina). Questo cambiamento si è verificato nel gene psbA in posizione 682. Così in effetti, la mutazione di un nucleotide da adenina a guanina ha fornito l' *Amaranthus hybridus L.* resistente all'Atrazina. Questo è pubblicizzato come una mutazione positiva che ha dato all'*Amaranthus hybridus L.* una nuova funzione, la resistenza a un erbicida.

Tuttavia, occorre rilevare che la mutata forma riduce le funzionalità della proteine QB. Quindi, non appena l'uso di atrazina cessa, ricompare la vecchia forma di *Amaranthus hybridus L.* selvatico. Così, dalla selezione naturale, è preferita la forma selvatica e non la forma resistente.

In condizioni sperimentali, utilizzando colture cellulari di *Nicotiana tabacum cv. Samsun* trattate con atrazina, un cambiamento è stato ottenuto nel 264° codone della sua cloroplastico psbA dalla serina (AGT) alla treonina (ACT). Anche questo cambiamento a livello di singolo nucleotide (dalla guanina alla citosina) produce una resistenza all'Atrazina che rimane stabile in assenza di una costante pressione di selezione[34]. Una simile sostituzione da serina a treonina, che conferisce

---

[33] - *Hirschberg J, Mcintosh L. 1983 Molecular basis of herbicide resistance in Amaranthus hybridus.* ***Science*** *222; 1346-1349.*

resistenza all'Atrazina, è stata osservata in cellule di patata[35]. Questo non è stato testato in condizioni di campo.

Ora, quali sono le conclusioni?

Per cominciare, la mutata proteina svolge la stessa funzione fotosintetica di prima. Pertanto, per l'organismo in questione (amaranto, tabacco, patate), la mutazione è stata neutra nel caso del passaggio da serina a treonina, o leggermente deleteria nel caso del cambiamento da serina a glicina.

La resistenza acquisita consiste nella protezione di una funzione vitale esistente che è stata inibita da una sostanza chimica artificiale introdotta nell'ambiente. Non è una nuova funzione, ma la difesa di una vecchia. Ciò è paragonabile all'acquisizione della resistenza a diverse malattie in seguito alle vaccinazioni.

In natura la duplicazione delle sequenze di geni è possibile. Si potrebbe sostenere che l'Amaranto possa realizzare la duplicazione della sequenza del genoma mutato, in modo da mantenere sia il tipo selvatico (per condizioni normali) che la mutazione per uno dei momenti in cui l'Atrazina viene rilasciata nell'ambiente. Inoltre, si potrebbe sostenere che lo sviluppo di nuovi erbicidi possa portare ad altre mutazioni che allo stesso modo ne neutralizzino gli effetti. Con duplicazioni successive, l'amaranto potrebbe tenere in serbo molte varianti di proteine QB o di altre proteine in grado di affrontare la potenziale presenza di tutta una serie di erbicidi nell'ambiente. Tuttavia, ciò non sarebbe niente di più di una difesa delle funzioni già esistenti, come le vaccinazioni che noi facciamo per vari tipi di malattie.

Quindi è un uso improprio di utilizzare le informazioni circa la resistenza di *Amaranthus hybridus* all'Atrazina come l'asserzione che sia

---

34 - *Sato F., Shigematsu Y., Hamada Y. 1988 Selection of an atrazine-resistant tobacco cell line having a mutant psbA gene.* ***Molecular and General Genetics****; 214; 358-360.*

35 - *Smeda R.J.., Hasegawa P.H., Goldsbrough P.B., Singh N.K., Weller S.C. 1993 A serine-to-threonine substitution in the triazine herbicide-binding protein in potato cells results in Atrazine resistance without impairing productivity. Plant Physiology. 103: 911-917.*

la prova di una mutazione positiva o la prova di un piccolo passo in evoluzione.

Difesa della funzionalità

Ci sono vari modi in cui la funzionalità può essere difesa in condizioni naturali.

La selezione naturale è un meccanismo di questo tipo. Attraverso l'eliminazione di forme difettose la selezione naturale protegge la popolazione dal deterioramento.

La selezione naturale si verifica anche a livello delle cellule. All'interno di un tessuto le cellule difettose saranno eliminate, e ad esse sarà impedito di moltiplicarsi.

Ci sono vari meccanismi di correzione dei difetti. La guarigione delle ferite è uno di essi. Ce ne sono altri, anche a livello genomico. Difettose sequenze nucleotidiche possono talvolta essere corrette. Allo stesso modo dei programmi per computer che possono avere alcune informazioni di back-up che consentono le correzioni, così è per i sistemi biologici.

Infine i sistemi biologici hanno un metodo di identificazione e di neutralizzazione di un fattore invasivo estraneo. A livello individuale ciò è denominato immunità. Una proteina intrusa viene riconosciuta e vengono prodotti anticorpi su misura per neutralizzarla. Questo adattamento immunologico può verificarsi anche a livello di popolazione. Un organismo che adatta la propria biologia nel combattere le influenze chimiche si moltiplica e rimpiazza l'intera popolazione che ha subito un tracollo sotto la pesante pressione di selezione del prodotto chimico. Le conclusioni per l'esempio descritto in dettaglio in precedenza (sulla resistenza all'Atrazina) possono essere applicate allo stesso modo per i ceppi resistenti ai diversi antibiotici e ad altri farmaci.

Un adattamento che comprometta l'efficacia di una sostanza chimica come un fattore mortale è positivo solo nel senso che protegge funzioni esistenti. Protegge la capacità di utilizzare le informazioni utili. Essa non produce nuove informazioni, nuove funzioni o nuovi organi.

Ciò non contribuisce, in alcun modo, a sostenere la teoria dell'evoluzione.

Informazioni e tempo

Ci sono due visioni dell'Universo. Relativamente a queste visioni su informazioni e tempo possiamo dire che una visione inizia con il caos totale all'inizio del tempo (Big Bang) e vede la il graduale accumulo di informazioni attraverso l'evoluzione di particelle, molecole, composti, composti organici, e di vita lungo la strada che conduce all'uomo e verso il miglioramento ed un sempre crescente contenuto di informazioni, verso un glorioso futuro aumento del contenuto informativo. L'altra visione inizia con un glorioso, ricco principio, e vede la graduale corruzione, l'estinzione delle specie, il deterioramento dei geni, la dissipazione di energia ed il movimento verso un'inevitabile fine della realtà visibile. E' disponibile per i nostri sensi e la nostra conoscenza scientifica solo un piccolo segmento del tempo postulato in queste visioni. La grande domanda è: nel tempo a nostra disposizione possiamo vedere un aumento delle informazioni o il suo declino ? A mio modo di vedere tutta l'evidenza scientifica indica declino !

E 'giunto il momento che i corsi scolastici in Europa si riconcilino con questo dato di fatto.

Osservazioni conclusive

Il dibattito sulla teoria dell'evoluzione non si placherà. Sta montando negli Stati Uniti e sta crescendo in Europa allo stesso modo. Non possiamo fuggire da esso. I bambini nelle scuole devono sapere che si tratta di una questione discutibile e su che cosa si basa il dibattito sviluppatosi attorno ad essa.

In realtà ci sono due dibattiti. Uno è ideologico e l'altro scientifico. Il confronto ideologico ha due lati molto fortemente motivati dalle rispettive visioni del mondo. Gli atei credono, ed insisto qui sulla parola *credere*, nell'evoluzione. Essi ne hanno bisogno per giustificare il loro ateismo. Dall'altra parte ci sono i creazionisti, i credenti in Dio, il Creatore che ha fatto tutto dal nulla con la propria volontà. Io includo i promotori del concetto di intelligent design in questa categoria. L'evoluzione sconvolge il loro punto di vista del processo di creazione. Questo dibattito ideologico è inconciliabile e non saranno le valanghe di parole a risolvere il problema.

L'altro dibattito è tra gli scienziati. Ci sono quelli che vedono nell'evidenza dei fatti un processo di trasformazione da un tipo ad un altro, da semplici organismi ad altri più complessi, da pochi a molti tipi. Gli oppositori, e io sono in questo gruppo, considerano le prove come del tutto inadeguate, in realtà del tutto assenti. Per noi l'evidenza indica la stasi, la stabilità delle forme di vita (il simile genera simili) o addirittura di un processo nella direzione opposta, verso la devoluzione, verso una costante diminuzione ed un'erosione delle informazioni esistenti nella biosfera. Qui il dibattito è possibile e le prove accumulate a favore e contro l'evoluzione possono essere sottoposte ad una valutazione critica secondo alcune rigorose procedure universalmente accettate dalla comunità scientifica internazionale.

Se il primo tipo di dibattito, quello ideologico, è autorizzato ad essere presentato nelle scuole, e in quale forma, ciò dipende dalle filosofie religiose o non religiose dei proprietari della scuola. Ovviamente, in scuole confessionali, siano esse Cristiane, Musulmane o Ebree, sarà riferita la storia della creazione e l'opposizione atea ad essa sarà criticata. In scuole atee sarà vero il contrario. In scuole indifferenti da un punto di vista religioso entrambe le ideologie saranno tollerate senza che una sia inculcata negli alunni. Per i credenti nella creazione sarà possibile respingere o sostenere la teoria dell'evoluzione, a condizione che il ruolo del Creatore sia ammesso nel processo. Questa è la posizione attuale della Chiesa cattolica. Per gli atei è irrilevante quello che i credenti pensano sul ruolo del Creatore nel processo evolutivo, fino a quando essi non sono tenuti ad accettarlo. Tuttavia, per essi l'incredulità nell'evoluzione è una impossibilità ideologica.

Il dibattito scientifico sulla teoria dell'evoluzione dovrebbe essere presentato in tutti i tipi di scuole. Gli studenti devono sapere che gli scienziati differiscono nelle loro opinioni e, in particolare, che si confrontano a vicenda sulla questione dell'evoluzione. Ogni scoperta, ogni osservazione, dev'essere sottoposta al pieno controllo scientifico e valutata solo sulla sua fondatezza empirica. Un'ipotesi è solo un'ipotesi fino a quando non viene dimostrato da diversi osservatori indipendenti che essa è valida. Altrimenti diventa una teoria. Tuttavia sia un'ipotesi che una teoria sono solo provvisorie, in attesa di nuovi dati che possano sostenerle, modificarle o respingerle. Esse diventano legge scientifica quando raggiungono una condizione che consenta la loro verifica.

Secondo Wikipedia: "Falsifiability (o refutability o testability) è la logica possibilità che un'affermazione possa essere dimostrata falsa da una osservazione o un esperimento di fisica. "Verificabile" non significa falsa; piuttosto, significa che qualcosa è in grado di confutarla. Quando l'affermazione ha dimostrato di essere falsa, quindi in contrasto con alcuni esempi o eccezioni, l'affermazione è stata dimostrata, osservata o mostrata. La verifica è un concetto importante nel campo della scienza e della filosofia della scienza. Alcuni filosofi e scienziati, in particolare Karl Popper, hanno affermato che una ipotesi, proposta o teoria è scientifica solo se è verificabile ".

La verifica dipende dall'enunciazione di un risultato che, se fosse ottenuto, confuterebbe la teoria. Albert Einstein sosteneva che $E = mc^2$. Se qualcuno potesse dimostrare in un esperimento riproducibile che, in alcune circostanze $E \neq mc2$, la teoria sarebbe confutata. Senza un tale elemento di prova, essa persiste. Archimede sostenne che un corpo immerso in un liquido perde tanto peso quanto il peso del liquido spostato. Se qualcuno potesse provare che la perdita di peso è differente, cioè equivarrebbe a confutare la Legge di Archimede.

L'evoluzione non ha ancora raggiunto la fase in cui tutti potrebbero ammettere che alcuni particolari risultati la escludono. Quindi non si tratta di una legge scientifica, e quindi non dovrebbe essere insegnata come tale. Essa dovrebbe essere presentata nelle scuole come una teoria scientifica, in attesa della conferma, come una teoria che ha sia i suoi sostenitori che i suoi avversari. E, soprattutto, dovrebbero essere imparzialmente presentati sia gli argomenti a favore che quelli contro la teoria. Agli alunni deve essere insegnato come valutare i dati, come discutere una questione controversa. Ad essi deve essere insegnato a pensare in proprio. Il processo di insegnamento non dovrebbe dipendere solo dalla somministrazione di fatti. Si deve anche insegnare come usare la propria ragione.

Pertanto mi appello a tutti i responsabili per determinare insieme a loro i programmi scolastici in Europa in un modo che possa presentare in maniera imparziale il dibattito sull'evoluzione darwiniana.

Bibliografia

1) White AD, *A History of the Warfare of Science with Theology in Christendom*, Buffalo (New York), Prometheus Books, 1993 (Prima edizione: New York, Appleton, 1896).
2) Huxley J, *La genetica sovietica e la scienza*, Milano, Longanesi, 1977 (prima edizione italiana: 1952).
3) Huxley J, op. cit., p. 171-174.
4) Lysenko T, cit. da (2) p. 48.
5) Langdon-Davies J, *Russia Puts the Clock Back. A study of Soviet Science and Some British Scientists*, London, Victor Gollancz Ltd, 1949, p. 54-59.
6) Ashby Eric, *Scientist in Russia*, London, Pelican Books, 1947, p. 111 (da Langdon-Davies J, op. cit., p. 114-118).
7) Langdon-Davies J, op. cit., p. 74-76.
8) Huxley J, op. cit., p 155.
9) Huxley J, op. cit., p. 85.
10) Cit. da: P. Johnson, *Defeating Darwinism by Opening Minds*, Downers Groove, Illinois, InterVarsity Press, 1997, p. 130-1 (La frase di J.Huxley è tratta dal discorso pubblicato nel terzo volume di *Evolution after Darwin*, Chicago, University of Chicago Press, 1960).
11) Todd S.C., A view from Kansas on that evolution debate. *Nature* 1999;401 (September 30):423.
12) Lewontin R, Billions and billions of demons. *The New York Review of Books*, 1997, January 9, p. 31.
13) *Scioence and Creationism. A View from the National Academy of Sciences*, Washington, DC, National Academy Press, 2002, p. 6, 28.
14) Green DE, Goldberger RF. *Molecular insights into the living process*. New York, Academic Press, 1967, p. 403-407.

15) Yockey HP. Self Organization of Life Scenarios and Information Theory. *J Theoret Biol* 1981;91:13-31.
16) Vedi http://www.alternativescience.com/censorship.htm.
17) Kenyon DH, Steinman G, *Biochemical Predestination*, New York, McGrow Hill Book Company, 1969.
18) Johnson P, The Established religious Philosophy of America, Part 1. *The Real Issue*, september/october 1997 (http://leaderu.com/real/ri9403/johnson.html). Vedi anche Dembski W, *What every theologian should know about creation, evolution and design*, http://www.origins.org/articles/dembski_theologn.html.
19) Dawkins R, *L'orologiaio cieco. Creazione o evoluzione?* Milano, Mondatori, 2003.
20) Curtis H, Sue Barnes N, *Invito alla Biologia*, Milano, Zanichelli, 2002, p. 10.
21) Yahya H, *L'inganno dell'evoluzione*. Imperia, Edizioni Al Hikma, 2001; la citazione è dall'introduzione di Giuseppe Sermonti.
22) Sermonti G, Fondi R, *Dopo Darwin Critica all'evoluzionismo.* Milano, Rusconi, 1980, p. 135.
23) Zichichi A, *Galilei divin uomo*. Milano, il Saggiatore, 2001, p. 218.
24) Blondet M, *L'uccellosauro ed altri animali: la catastrofe del darwinismo*. Milano, Effedieffe Edizioni, 2002.
25) Gli atti del simposio sono pubblicati nel: Buell J, Hearn V, *Darwinism: Science or Philosophy?* Richardson (Texas), Foundation for Thought and Ethics, 1994. Proceedings of a symposium entitled "Darwinism: scientific inference or philosophical preference?".
26) Behe M, *Darwin's Black Box*. New York, Simon & Shuster, 1996.
27) Dembski W, *The Design Inference. Eliminatine Chance Through Small Probabilities*. Cambridge, Cambridge University Press, 1998. In versione divulgativa: Dembski W, *Intelligent Design. The Bridge Between Science and Theology*. Downers Grove, Illinois, InterVarsity Press, 1999.
28) Zichichi A, *Perchè io credo in Colui che ha fatto il mondo*. Milano, il Saggiatore, 1999, p. 122-3.

www.ingramcontent.com/pod-product-compliance
Lightning Source LLC
Chambersburg PA
CBHW072216170526
45158CB00002BA/629
* 9 7 8 1 2 9 1 1 4 7 5 7 5 *